天曆探原

辛德勇 著

图书在版编目（CIP）数据

天历探原 / 辛德勇著. -- 北京：生活·读书·新
知三联书店，2024. 11.（2025.2 重印）-- ISBN 978-7-108-07966-4

Ⅰ. P194.3-53

中国国家版本馆 CIP 数据核字第 2024CW2281 号

特约编辑　张天蓉
责任编辑　张　龙
装帧设计　薛　宇
责任校对　陈　明
责任印制　董　欢
出版发行　生活·讀書·新知 三联书店
　　　　　（北京市东城区美术馆东街 22 号 100010）
网　　址　www.sdxjpc.com
经　　销　新华书店
印　　刷　河北鹏润印刷有限公司
版　　次　2024 年 11 月北京第 1 版
　　　　　2025 年 2 月北京第 2 次印刷
开　　本　880 毫米 × 1230 毫米　1/32　印张 7
字　　数　120 千字　图 83 幅
印　　数　6,001－9,000 册
定　　价　59.00 元
（印装查询：01064002715；邮购查询：01084010542）

作者近照（黎明 摄影）

辛德勇，男，1959年生，北京大学历史学系教授，北京大学古地理与古文献研究中心主任，中国史学会历史地理研究会会长。主要从事中国历史地理学、历史文献学研究，旁涉中国古代政治史、地理学史、地图学史、水利史、出版印刷史、天文学史等学科领域。主要著作有《隋唐两京丛考》《古代交通与地理文献研究》《历史的空间与空间的历史》《秦汉政区与边界地理研究》《建元与改元：西汉新莽年号研究》《旧史舆地文录》《石室滕言》《旧史舆地文编》《制造汉武帝》《祭獭食蹠》《海昏侯刘贺》《中国印刷史研究》《史记新本校勘》《发现燕然山铭》《海昏侯新论》《生死秦始皇》《辛德勇读书随笔集》《通鉴版本谈》《正史版本谈》《史记新发现》《简明黄河史》等。

目　次

前　言　·　I

引子：　黑帝祠的兴建与诸色天帝的数目　·　I

一　四灵的设定　·　4

二　北方之灵黄鹿　·　21

三　天极太一　·　29

四　四时十二辰　·　48

五　十二月与十二律　·　53

六　十二次与二十八宿　·　64

七　太阳历的岁首与太初历的历元　·　93

八　太岁与太阴　·　121

九　四帝与四時 · 140

十　由四帝四時到五帝五時 · 147

十一　五帝与五行 · 160

十二　太一生水与所谓汉初火德 · 178

十三　五行学说与战国秦汉政治 · 187

余论：人格化的黄帝与神格化的尧舜禹 · 200

前　言

这本小书算不上什么著述，只能说是我学习中国古代天文历法知识的读书笔记。

我是因为在北京大学历史学系教书，需要给本科生讲授古代天文历法知识，这才从零开始自学此道的，诚可谓独学无侣，暗中摸索。好在从小学到大学，主要都是靠自学学过来的。几乎所有的课，在老师讲之前，我都看懂了，而且连习题也都做过了。反正都是念书学知识，学什么都是学呗。

这样的经历，造成了两个特点。

一是如孔夫子所云，"学而不思则罔"，靠读书自学，就更不能不动脑筋去想，去理解。不理解，就意味着自己根本没弄懂。就这样，一边学，一边琢磨，就产生一些想法，有了自己新的认识。

这些认识，是一点一点，日积月累形成的（我在北大教书已经二十年了），但连贯起来，形成系统的一些看法，有一个触动的契机——这就是 2021 年春，我在郑州巩义双槐树的仰韶文化遗址，看到了坐在斗车里的一头猪。

我认为这头猪是天帝也就是天极（天北极）的象征。按照我的理解，它也是中国古代天文历法体系的核心要素。这样的认识，也是我和这一领域某些专家的根本差异。

除了巩义双槐树遗址之外，在郑州荥阳的青台，还有一处同一时期的原始文化遗址，那里发现了最早的圜丘（也就是世俗所说的天坛），这同样是一处至关重要的天文历法遗迹。2021 年那个春天，我也去现场直接观看了这一遗址。

双槐树和青台这两处新石器时代的天文历法遗迹，给我以强烈的震撼——它们具体印证了我对中国古代天文历法体系的一个重要看法，让我有信心以天极为核心把其他各项认识串联起来，写出这本小书。

二是这样独自揣摩得出的认识，与通行的说法往往会有所出入，甚至差别很大，其中难免存在疏误，有些甚至可能还很严重。特别是天文历法研究涉及很多数据的运算，而算术是我天生的弱项，不会算，也很难耐下性子来做演算，因而只能从基本原理上去理解个大概。这样，也就天然带有犯错的"基因"。

好在不管对错，都是我认真思索的结果。把这些认识记下来，写出来，不仅期望对学术有所贡献，也真诚地想通过这种形式与感兴趣的朋友交流，同时更希望能够得到读者的指教。

除了书中阐释的内容之外，在这里，我想稍微扩展开来，谈一点儿中国古代由天文历法引申出来的一个重要观念——"道"。

前面我已经谈到，天极（天帝）是中国古代天文历法体系的核心，也是这一体系的重要特色。重视天极，决定了中国古代天文历法体系是天赤道坐标体系，而不是古希腊式的黄道坐标体系。

不过天极的影响，远超于天文历法范畴之外，社会思想方面的"道"，就直接源出于此。在早期的文献中，"道"与天极，往往可以径加替换。

关于这个"道"，老子在《道德经》中只是说"道可道，非常道"。为什么这个"道""可道"而"非常道"呢？因为它的实在"原型"乃是天极，或者说"道"是基于古人的天文意识而生发的一个重要观念。天极无形无色，看不见，也摸不着，可它又是一个真真实实的存在，而且漫天星辰都围绕着它转动，简直神奇无比。

天极亦即天帝又名"太一"。《吕氏春秋·十二纪》之《仲夏纪·大乐》论"道"，谓之曰："道也者，视之不见，听之不闻，不可为状。有知不见之见、不闻之闻、无状之状者，则几于知之矣。道也者，至精也，不可为形，不可为名，强为之名，谓之太一。"这段话清楚地揭示了"道"的性质和"出身"。

与天极"太一"直接相关的还有世人熟知的太极。《易经·系辞》所谓《易》有太极，是生两仪，两仪生四象，四象生八卦"，在《吕氏春秋》同一篇里，是被讲述为"太一出两仪，两仪出阴阳"。显而易见，太极也是由太一，亦即天极蜕变而成的。

这些都是中国古代思想文化的核心内容，虽然具体的阐释，还需要做很多工作，但我相信，这本小书对天极太一的阐释，会给学术界深入认识"道"与"太极"问题提供有益的帮助，接下来本人也会尝试对相关思想观念做些与时下通行说法大为不同的解说。因为我找到了更为坚实可靠的基点。

最后需要说明的是，此书初稿完成后，我又由此引申出一些新的认识——这些认识，主要是围绕着商周青铜器的"饕餮纹"产生的，涉及很多世人普遍关心的古代事物，像龙与夔龙、蟠龙，像古代所谓凤鸟纹，像朱雀、赤乌甚至凤鸟，像太岁与鹊的关系，像商周青铜器上的老虎为什么要"吃人"，像蝉与生命，像百姓人家大门上的铺首，等等。这些认识，我将写入另一本新书——这本新书是本书的姊妹篇。

2024 年 2 月 27 日记

引子： 黑帝祠的兴建与诸色天帝的数目

"天历"一词，见于《史记·太史公自序》。司马迁是在讲述太初改元事时述云："太初元年，十一月甲子朔旦冬至，天历始改，建于明堂，诸神受纪。"通读这段话可知，"天历"二字在这里指的当然是一种历法。不过仅仅是望文生义地理解，这种历法也可以说是一种本诸天行的历法。《文选》载《晋武帝华林园集诗》，有句云"悠悠太上，民之厥初。皇极肇建，彝伦攸敷。五德更运，膺箓受符。陶唐既谢，天历在虞"，唐李善注曰："天历，天之历数也。"李善这一解释，既指明了这种历法侧重应天的特点，也道出了天文与历法之间密不可分的联系。

在这里，我就是借用太史公讲述的这个"天历"，来表述中国古代的天文历法。所谓"天历探原"者，探究中国古代天文历法本初原貌之谓也。

中国古代的天文历法，内涵相当丰富。对于我们今天的研究者来说，问题也颇显复杂。学者研究所有问题，首先都要有个切入点；像中国古代天文历法这么复杂的问题，探索它，破解它，更需要选择一个适宜的处所做切口——我想从汉高祖刘邦兴建黑帝祠出发，逐次展开其他各项相关的问题。

读《史记·封禅书》，我们看到，汉高祖刘邦在由汉中还定三秦未久，就设立了一个"黑帝祠"。顾名思义，当然是用以祠祀黑帝。此事经过如下：

> （汉高祖）二年，东击项籍而还入关，问"故秦时上帝祠何帝也？"对曰："四帝，有白、青、黄、赤帝之祠。"高祖曰："吾闻天有五帝，而有四，何也？"莫知其说。于是高祖曰："吾知之矣，乃待我而其五也。"乃立黑帝祠，命曰北畤。有司进祠，上不亲往。悉召故秦祝官，复置太祝、太宰，如其故仪礼。因令县为公社。下诏曰："吾甚重祠而敬祭。今上帝之祭及山川诸神当祠者，各以其时礼祠之如故。"

这段文字，字面上的意思似乎并不难懂，可要想合理阐释文字背后的历史内涵，却不大容易；至少在我看来，古往今来的学者，还没有人对它做出深刻而又准确的认识。

所谓"上帝"也就是天上的帝君，就是天帝。通观上文，这一点不难看出。由此出发，让人感到费解的问题却有一大堆，主要有：

第一，天到底是有五帝还是四帝？为什么？

第二，若如刘邦所云"天有五帝"，那大秦王朝为什么只为白、青、黄、赤四帝立祠献祭？

第三，刘邦为什么要为黑帝立祠，而且还要说"待我而具五也"？

第四，刘邦新设的黑帝祠为什么叫"北畤"？

等等，只要你稍微动一下脑筋，用心思索，就会发现，有一系列相当重要的问题，学术界并没有直接面对，从未对这些横陈在所有读者面前的重重谜团做过解释。事实上，按照目前已有的对相关要素的认识，也是很难对这些问题做出起码的解答的。

历史研究的谜题，有时就像乱缠着的线团，也就是所谓"一团乱麻"。它之所以让人感觉一片混乱，一是因为没有找到线头，也就是"头绪"，二是由于研究者不愿意静下心来慢慢地一点儿一点儿地去梳理。当然，要是根本不动脑子想，而是漫天胡言乱语，是连这种混乱也根本感觉不到的。

一　四灵的设定

　　解答天到底是有五帝还是四帝这个问题，我们可以先从所谓"四灵"入手。许多对古代文物稍有了解的人都知道，在西汉后期到东汉时期，普遍流行一种"四灵"或称"四神"的铜镜，或是同样的"四灵"或称"四神"的瓦当。所谓"四灵""四神"，还被称作"四象"，表现为四种灵异的动物图形，最广为人知的灵兽图像，便是青龙、白虎、朱雀、玄武。

　　显而易见，这四种动物，又体现为四种颜色：青，用我们今天话来讲，不妨表述为绿色或绿色系；白，就是白色，这不用解说；朱，就是"近朱者赤，近墨者黑"的朱，也就是赤色，现代更通俗的说法是红色或红色系；玄，俗语所说红得发紫，紫得发黑，玄表示的就是这个由紫变黑的黑色，也可以说是黑色系。

　　然而这种青、红、白、黑四色的匹配组合，并非自古以来就是如此。回过头去向前追溯，我们先是可以在河南濮阳西水坡新石器时代遗址中看到一套与此不同的四灵组合。

　　我在这里讲的所谓西水坡新石器时代遗址,具体是指西水坡遗址第二期文化遗存中的三组贝壳图案,距今约6500—6300年。

　　这三组贝壳图案,不仅摆放方式一致,而且相互之间还应具有内在关联,其空间位置关系如下图所示:

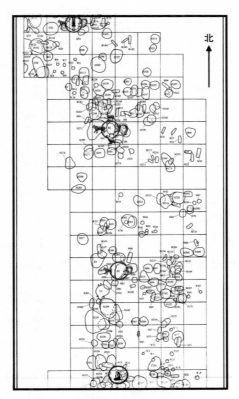

西水坡遗址三组贝壳图案位置示意图
（据南海森主编《濮阳西水坡》）

图中每格间距 10 米。这幅图最上边也就是最北边的一组图案，编号 B1，贝壳图案布置在一座编号为 M45 的墓葬当中。在这南面的一组图案，编号 B2。再南面的一组图案，编号 B3。这就是三组贝壳图案的相对位置关系。

这三组贝壳图案，除了都是以贝壳堆塑而成之外，还有一个引人注目的特点——这就是完备的四灵图案是龙、虎、鸟、鹿四种动物，不过四种灵兽齐全的只有 B2，而 B1 和 B3 两组图案则只有龙、虎二兽。

冯时先生早已指出，B2 遗址龙、虎、鸟、鹿贝壳图案中的"鹿"，本是四灵中玄武的初始形态，即这组龙、虎、鸟、鹿图形体现的是早期的四灵（冯时《中国天文考古学》第六章《星象考原》）。

这种四灵图像，首先体现的是一种天文意象。

古人所认识的"天"，其中有一项很重要的要素，就是用以体现太阳视运动轨迹的天赤道（天赤道是地球赤道向天球的无限投射。按真正体现太阳视运动轨迹的是黄道而不是天赤道，下文将做具体论述）。在靠近天赤道两侧的狭小纬度范围之内，古人认定了二十八组恒星，这就是所谓二十八宿。这二十八宿又被古昔先民分作东、南、西、北四组，每组各有七宿，即东方角、亢、氐、房、心、尾、箕，南方井、鬼、柳、星、张、翼、轸，北方斗、牛、女、虚、危、室、壁，西方奎、娄、胃、昴、毕、觜、参。

大家很容易看出，这种四方二十八宿的天赤道配置，是一种比较复杂的体系。关于它的形成过程，且待下文再做分析。

不过由后来的情况做观察，在表面上看来，似乎是为了更为简明直观地表示这四组恒星，人们就选定了四种动物：以龙（青龙或称苍龙）来表征东方七宿，以鸟（朱雀）来表征南方七宿，以虎（白虎）来表征西方七宿，以鹿（黄鹿）来表征北方七宿（这头鹿后来演化成为龟蛇纠合的玄武）。

作为四方七宿的表征，龙、鸟、虎、鹿这四种灵兽的躯体还同各方星宿的构形存在着特定的对应关系。其具体对应关系是：东方的角、亢、氐、房、心、尾、箕七宿，每一个星宿都是龙身的一部分，从龙角排到龙尾巴杪，一个都不落，龙的身子也一处都没少（按也有些对箕宿的解释，乃与龙的身体无关）。这七宿连到一起，就是一条蜿蜒的大龙。南方的柳、星、张、翼四宿，依次表示鸟的口、颈、嗉、翅。西方的觜、参两宿分别表征虎嘴和虎身。

这些都是关于四灵与四方七宿之间关系的一般性知识。问题是在北方七宿当中，究竟哪些星宿或哪一星宿同其表征性灵兽——鹿之间存在着这样的对应关系？

今按如冯时先生所述，北方灵兽黄鹿后来衍化成为麒麟。关于这一问题，冯时先生尝以为危宿三星与邻近的坟墓四星结合在一起，就构成了一只独角麒麟的形象（冯时《中国天文考古学》第六章《星象考原》）。其具体情形如下页图所示：

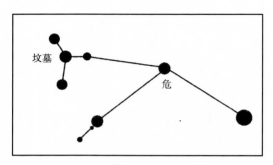

冯时所推测黄鹿—危宿的对应关系

如上所述，东、南、西三方灵兽既然都同这三方星宿中某些星宿的构形存在对应关系，北方的灵兽——鹿自然也不应例外。同时，冯时先生试图从危宿的构形中找到这个星宿同鹿身的联系，也很有眼光。不过在前述东、南、西三方灵兽与具体星宿的对应关系中，我们还没有看到牵连二十八宿之外其他那些邻近星体的情况，无一例外都是仅仅对应于特定的星宿本身，所以对冯时先生这一看法还应慎重斟酌。

若是抛开冯时先生添附的坟墓四星，危宿三星所构成的图形，将如下图所示：

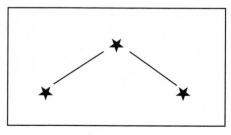

危宿三星所成图形（甲）

这个图形，正与侧面观看的屋顶相同，故《史记·天官书》释危宿之名云："危为盖屋。"《史记·魏世家》载赵国派人入魏，以七十里之地为献，请魏王杀故相范痤，魏王因使吏捕之，"痤因上屋骑危，谓使者曰：'与其以死痤市，不如以生痤市……'"。唐司马贞《史记索隐》释此"危"字云："危，栋上也。《礼》云'中屋履危'。盖升屋以避兵。"显而易见，范痤骑坐的地方，应是屋脊，从侧面看，就是上列危宿的形状。

若是从相反的角度来看危宿三星，其图形将如下所示：

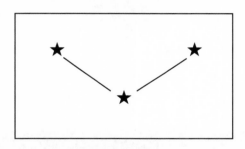

危宿三星所成图形（乙）

这个图形和什么相像？显而易见，它很像正面观看的鹿角，而且这样的图形显然愈加危而不安。

不仅如此，这个形状，还同"危"字的甲骨文雏形具有很大的形似性：

这样几方面情况相互印证，我想就可以推定，按照其最初本义，古人应当就是通过危宿来体现北方灵兽——鹿的。至于司马迁在《史记·天官书》所做"危为盖屋"的说明，应属后来衍生。

正面观看的鹿角

殷墟刻辞鹿头骨

"危"字甲骨文字形

在上述认识的前提下，我们来看西水坡 B2 遗址贝壳图案中的龙、虎、鸟、鹿四灵图形：

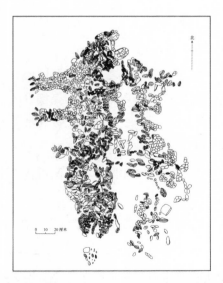

西水坡B2遗址中的龙、虎、鸟、鹿四灵图形素描图
（据南海森主编《濮阳西水坡》）

发掘者解读这一贝壳图形，以为：

> 图案由龙、虎、鸟、鹿和蜘蛛等组成。图案南北长 2.43
> 米，东西宽 2.15 米。龙头朝南，背朝东；虎头朝北，背朝东，
> 龙虎蝉联为一体，龙口前（南）0.15 米处有一蚌摆的似椭
> 圆形的图案；鹿卧于虎的背上，鹿臀上有一鸟形图案，头北
> 尾南。蜘蛛摆塑于龙头的东面，头朝南，身子朝北，另外在
> 蜘蛛和鹿之间，还有一件制作精良的石斧。

这样的解说，虽然大体无误，但还要针对重要事项做更多、更
清楚的说明。

第一，首先需要明确，这件贝壳图案体现了早期龙、鸟、
虎、鹿四灵。冯时先生早已谈过这一点。

第二，在通常所说的四灵之外，图案中还有一只蜘蛛和一
柄石斧。另外，在龙口前面还有一个蚌壳摆设的椭圆造型。对
这柄石斧和这只蜘蛛图形的象征意义，还有蚌壳椭圆造型是在
体现着什么，考古发掘者都没有具体说明。要想很好地说明这
一问题，首先要从二十八宿和四灵在中国古代天文历法体系当
中的作用谈起。

前面我曾谈到，所谓二十八宿，是设在天赤道带上的
二十八组恒星，而人们在天赤道带上设定这二十八宿的目的，
是为了将其用作天球上的刻度，以便观测、记录并且描述以太
阳视运动为主的星体运行状况。

这里所说的太阳视运动，指的是太阳以年为周期的"公转"运动。当这种太阳视运动运行到二十八宿中的某一宿时，就意味着太阳移行到了天赤道上一个特定的点（运动是相对的，所谓太阳视运动实际上体现的是地球的公转）。

从这一意义上讲，二十八宿中的某宿，也就意味着太阳视运动过程中某一停宿地点，犹如古代官道上的驿站或现代公路道边的汽车旅馆。与此相应，上述东、南、西、北四方的龙、鸟、虎、鹿四灵，由于它们分别是四方七宿的表征，也就标志着太阳周年视运动过程中的四大阶段——这就是春、夏、秋、冬四时（虽然相互之间具有密切联系，但四时不仅不等于春、夏、秋、冬四季，二者在天文历法意义上还有本质性差异）。这样，古人就自然而然地会用二十八宿或四灵来体现太阳视运动的过程（对金、木、水、火、土五大行星来说，也是这样）。

西水坡 B2 遗址中的龙、虎、鸟、鹿四灵图形，体现的首先就是这个太阳视运动的过程。不过那柄石斧和那只贝壳摆成的蜘蛛，还有龙口前面那一蚌壳摆成的椭圆形图案，体现的就是历法的内容了。

世界上不管什么地方，也不管什么种族和文化，我们现在所说的"年"这个时间单位都是历法中的核心内容。简单地说，它的原初含义，就是地球的一个公转周期，这也就是太阳视运动的一个周期，就是现行公历的"年"。这种年，天文方面比较学术化的称谓叫作"回归年"，历法领域的学术术语则是"太阳年"。

　　谈到这一点，我想绝大多数中国人都自然会发问："中国人不是一直在过阴历年吗？"这样的疑问没有什么错，甚至绝大多数专门研究中国古代天文历法的学者也一直这么想。然而这样的想法显然不符合正常的情理。

　　中国所谓"阴历"，市井流俗或亦称作"夏历"，现在也被称作"农历"，它是把朔望月也就是月轮圆缺的变化周期，同地球公转的周期并置在同一个体系之内，即一年或为十二个月（平年），或是十三个月（闰年）。

　　这从历法性质上来讲，并不是真正的"阴历"，而是属于阴阳合历。那么，为什么会平年十二个月、闰年十三个月？这是因为回归年的长度不是朔望月的整数倍，要想使这两种年份的平均值同回归年尽可能地接近，只能寻找一个办法，来有规律地设置闰月，以使更多的年份为平年（354 或 355天），这样就能比闰年（383 或 384 天）更贴近回归年的长度（365.25 天）。

　　古人的实际处理办法，是先找到回归年日数与朔望月日数的"最小公倍数"。我们看到，19 个回归年的日数和 235 个朔望月的日数都非常接近 6940 天，6940 这个数目就大致相当于回归年日数与朔望月日数的"最小公倍数"。在这一"最小公倍数"下，朔望月与回归年的比例约为 235∶19，即 19 个回归年大致折合 235 个朔望月。由于中国传统阴历的平年为 12 个朔望月，而 19 个平年只有 228 个朔望月，要比 19 个回归年少 7 个月。于是人们便在 19 个阴历年内选择 7 个年份，使这 7 年每年增置 1 个月，这个增置的月份就是所谓"闰月"。在这里，"闰"就是多出来的意思（别详拙文《〈张氾请雨铭〉辨伪》，见拙著《金铭与石刻》）。

　　大家看一看这番折腾，就知道它该有多么复杂了。即使如此，所谓十九年七闰的历法制度，也只是个很粗略的大概性法则。这还是由于回归年的长度不是朔望月的整数倍，实际上在二者之间是找不到真正的"最小公倍数"的，前面谈的只是一个比较贴近的近似值而已。所以十九年七闰在施行较长一段时间之后，那些被暂时忽略掉的差值随着不断的累积必然会增大到足以妨碍这一制度的程度，于是就只能再做调整。事实上后来也确实对此做出了适当的调整，然而在本质上仍然无法解决这种历法制度的根本性缺陷。

　　了解中国传统"阴历"的复杂性之后，一个实质上十分简单且显而易见的问题，就呈现在了我们的面前：按照全世界人类认识事物的一般程序，无一不是从简单到复杂逐渐加深的。相应地，基于人们认识程度所建构的学术和文化，自然也有个由简到繁的增进过程。

　　这样看来，中国的古昔先民若是一上来就应用这种阴阳混合的"阴历"，宛如从娘胎里呱呱坠地就是一个身高腿长的成人一般，就显得颇为不可思议了。

　　那么，合理的情况应该是怎样的呢？在我看来，全世界的人类不管你是生活在哪里，不管你是什么种族，也不管你是什么样的文化，人们最初清楚认识并且在生活中率先应用的"历"，只能是太阳历，也就是我们通常所说的阳历。因为季节的寒来暑往和草木的春荣秋枯，这是每一个人都能清楚感受、也都很容易认知的，太阳历的本质就是这个周期。这也是中华人民共和国法定的"历"。同时，中华人民共和国法定的"年"，依据的也就是这种太阳历。至于现今中国民间在国家法定新年之外所过的那个"阴历年"，由于锚定的是太阳历的新年，只能是继此之后的衍生品。

令我感到十分困惑的是，在中国古代天文学史界，竟然一直没有人提及这一问题。若再进一步妄自揣测，大概也从来没有专家关注过这个问题。

近些年来，我前后几次表达过自己的初步想法（拙文《追随孔夫子 复礼过洋年》《论年号纪年制度的渊源和启始时间》，见拙著《天文与历法》；又拙文《西边的太阳——秦始皇他爹的阳历年》，收入敝人在三联书店即将出版的《坐井观天》）。窃以为夏朝和商朝行用的历法都应该是纯粹的太阳历。从西周起，中国才开始采用阴阳合历，这也就是后世所谓"阴历"的启始阶段。直到春秋战国之际，这种阴阳合历才形成一套比较严密的历法。

我谈的这种远古以来的太阳历，在《吕氏春秋·十二纪》、《礼记·月令》和《淮南子·时则训》中都还有清楚而且系统的表述，最后是以二十四气（即世俗所云二十四节气）的形式存留在传统的所谓"阴历"的背后。

按照这样的认识，让我们再由流溯源，审度一下青龙、朱雀、白虎、黄鹿四灵究竟体现着古代天文历法体系中的哪些要素。既然直到夏商时期中国实行的还是太阳历，那么，由此向上追溯，我们也只能从太阳历的视角来考察西水坡 B2 遗址中的青龙、朱雀、白虎、黄鹿四灵图形。

在这一视角之下，如前文所述，西水坡时代的人们若是用青龙、朱雀、白虎、黄鹿这四种灵兽来分别标志太阳周年视运动过程中的四个阶段——也就是春、夏、秋、冬四时，那就应当是合情合理的事儿了。后来《尚书·尧典》在记述所谓"四仲星"时提到的日中、日永、宵中、日短四个时刻，就是这春、夏、秋、冬四时的中点——太阳视运动过程中春分、夏至、秋分和冬至这四个关键的节点（别详拙说《话说二十四节气》，见拙著《天文与历法》）。

实行这种太阳历，需要具备两项看起来似乎很简单而实际上却是至关紧要的认识：一是太阳视运动的周期性，即这是一种周而复始、无限循环的圆周运动；二是需要选择一个关键的节点来切分太阳视运动的轨迹，切分开来之后所形成的这一时段，就是太阳年的"一年"。

基于这一实际情况，再来审视西水坡 B2 遗址中贝壳堆塑的蜘蛛和放在这只蜘蛛旁边的石斧，就很容易体味它们所体现的天文历法意义。

在我看来，这只摆放在青龙、朱雀、白虎、黄鹿之间的蜘蛛造型，体现的是蛛网，而蛛网象征着循环绕行于青龙、朱雀、白虎、黄鹿之间的太阳视运动轨迹，这也就是所谓的

西水坡B2遗址中的龙、虎、鸟、鹿四灵图形照片
（据南海森主编《濮阳西水坡》）

"天道"。

明末清初学人陆世仪，曾经通过蛛网来体味天体运行的景象，以为"看蛛网，可悟天文图：其纵布处，即周天二十八宿分度法也；其衡布处，蛛网较密，旧图止赤道一围，今西图亦有三百六十度矣"（陆世仪《思辨录辑要》卷一四）。其间的道理，古往今来都是相通的，只是陆世仪通过传教士了解到西洋天文学的科学认识，从而清楚地说明了这个道理。

不过陆氏对蛛网所谓"衡"线的理解并不一定十分合理。他是把一圈又一圈蛛网"衡"线理解为天球的纬度，故有"旧图止赤道一围，今西图亦有三百六十度矣"的说法。西方对地球和天球纬度的划分都是南北纬各 90°，分成 360°的是经度。

更为重要的是，我们读《史记·天官书》可知，古人早已观测到天赤道以南直至南纬三四十度范围的星辰，而在蛛网上是看不到夹在其他"衡"线之中的那条特殊的天赤道线的，所以古人不会用环环蛛网来体现天球的纬线。

那么，那柄石斧呢？石斧是切分太阳视运动轨迹的"圣器"。

这种切分太阳视运动轨迹的"圣器"，过去我做过专门的论述，指出古人通常以为是钺。钺字的初形为"戉"，而这个"戉"字也是年岁之"岁"的原始形态。这是因为用这个"戉"切分开来的"天道"就是一岁，也就是我们现在所讲的一个太阳年（拙文《说岁释钺谈天道》《古钺续谈》，并见拙著《天文与历法》）。

不过在西水坡遗址中并没有发现钺，而是发现了石斧。须知钺与斧的器形本来十分相近，而且钺本来就应该是由斧演变

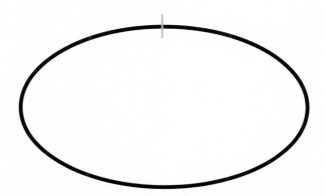

以圣器"戉"及其前身石斧切割天道示意图

而来的，这柄石斧又加工得相当精致，可见它被摆放在这里，正是起着同钺一样的作用，即用以切分"天道"，体现着年岁的寓意。

值得注意的是，这只蚌塑蜘蛛和石斧被置放在龙头之上，而这青龙抬头，正象征着一岁春时的展开。新的一年，就这样开始了。更有意思的是，龙口前面摆放的那个蚌塑椭圆造型，乃是在更为清楚地点明每一个新岁都是从龙所象征的春时展开的。

这样，青龙、朱雀、白虎、黄鹿加上蜘蛛、石斧和那个蚌壳构成的椭圆造型，组合在一起，就完美地表征出岁岁年年和与天久长的意象。同理，西水坡 B1、B3 遗址中那两组贝壳龙、虎图案，体现的也是由青龙、朱雀、白虎和黄鹿四灵构成"天道"，只是省略了南北两侧的朱雀和黄鹿而已。

二　北方之灵黄鹿

如上所述，在早期的四灵图像当中，北方之灵为鹿，而不是后来的玄武。冯时先生已经指出，比西水坡遗址更早，在距今 7000 年前后的内蒙古敖汉旗小山赵宝沟文化遗址中，我们就见到了同样的情况。

在小山遗址出土的一件陶尊的器腹部，绘刻有奔鹿（下图左侧）、野猪（下图中部有獠牙者）和飞鸟（下图右侧）。这

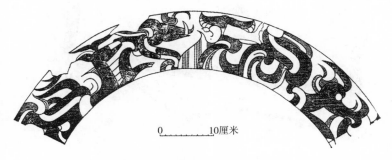

0————10厘米

敖汉小山遗址出土尊形陶器器腹处绘刻的图案
（据冯时《中国天文考古学》）

只奔鹿和飞鸟，表示的就应该分别为四灵中的黄鹿和朱雀（冯时《中国天文考古学》第三章《观象授时》）。不过结合前述西水坡遗址出土蚌壳堆塑四灵等情况，还可以判断，在野猪头对面，应是张开大嘴的虎头，而猪头下面连接着的应是龙身。这龙、鸟、虎、鹿，构成了一组比西水坡堆塑四灵更早的"原生"四灵图像。至于龙身上为什么长出了猪头，我将在第七节再予说明。

较西水坡遗址稍晚，在距今 5000 年上下的河南巩义双槐树仰韶文化遗址，发现了一个用陶罐摆放的北斗七星（在斗柄的身下两侧，另有两个陶罐，应是分别象征日、月。按颇有将

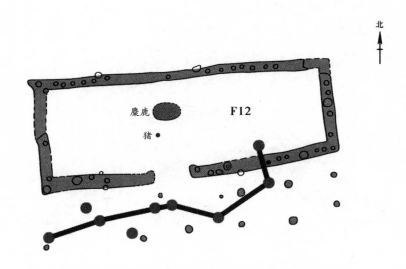

河南巩义双槐树仰韶文化遗址中的北斗七星图形与北方的鹿骨

这九个陶罐合观，视作所谓"九星北斗"者，其说似不能成立，别详拙文《北斗自古七颗星——谈巩义双槐树遗址出土的所谓"九星北斗"遗迹》，收入即将于三联书店出版的《坐井观天》）。在这个北斗斗魁所朝的北方，有一副麋鹿的骨骸，这同敖汉小山遗址和濮阳西水坡遗址中的鹿的形象一样，也是作为四灵之中的北方灵兽而呈现在那里的，三者前后接续，一脉相连。

再往后，冯时先生已经指出，河南三门峡春秋时期虢国墓地出土的四灵图案铜镜、湖北随州战国前期曾侯乙墓室出土星象漆箱北面一侧的双鹿图形，也都清楚地体现出鹿一直是

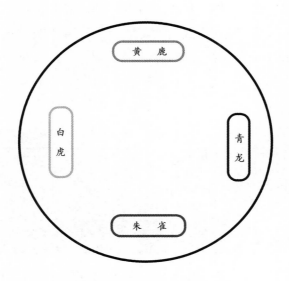

中国古代早期四方四灵匹配关系示意图

23

四灵中的北方之灵（冯时《中国天文考古学》第三章《观象授时》）。

不过到了战国中期以后，情况就发生了变化。屈原生活在战国晚期，他在《远游》赋中有句云"召玄武而奔属"，已经明确提到了玄武。接着，我们在秦王政八年成书的《吕氏春秋》中看到，那个体现着冬时的北方灵兽，也已经变成了一只乌龟（《吕氏春秋》卷一〇《孟冬纪》："其虫介。"东汉高诱注云"介，甲也"，故这里所谓介虫，指的就应该是龟）。然而在清华大学藏战国竹书《五纪》中看到的四灵组合却是"东维龙，南维鸟，西维虎，北维它（蛇）"，即北方的灵兽是一条蛇。

《吕氏春秋》和清华大学藏战国竹书《五纪》应是各取一面，分别取用了构成玄武的龟或蛇。稍后，我们在秦咸阳城宫殿遗址出土的画像砖上看到，作为四灵之一，这只乌龟和这条蛇完备的整体形象是在乌龟的身上缠绕着一条蛇——这也就

秦咸阳宫殿遗址出土玄武图形画像砖
（据孙志新主编《秦汉文明》）

是世人熟知的玄武。继之在汉武帝时期写成的《淮南子》一书中，我们就看到四灵中的北方之灵被直接称作"玄武"了（《淮南子·天文训》，又《淮南子·兵略训》）；司马迁写《史记》，在《天官书》中表述的情况也是如此。

玄武的出现，不仅是古人所谓四灵构成的一大变化，也是中国古代空间观念的一次重大变革，而且直接关系到五行的起源。不过在这里姑且将此按下不表，我们继续看看原有的北方之灵黄鹿的情况。

首先，说这灵兽是"黄鹿"，完全出自我的"杜撰"，因为在此之前，并没有人做过这样的表述。我这样讲，是因为与之匹配的龙、鸟（雀）、虎都有搭配的颜色，而且还都确定不易，那么，鹿是什么颜色呢？从大的色系来说，可以说天下的鹿都是黄色的。是黄的，这不会有什么问题，所以我认为这北方之灵的色调也应该是黄的。这样的认识，虽然只是出自合理的推测，但做出这样的推断十分重要，我在这里继续谈北方灵兽之鹿，也是缘于这种重要性——其重要性何在，且待下文叙说。

虽然秦始皇时期即已清楚地出现了玄武的形象，可是在另一方面，我们又看到，在西汉前期它还没有能够全面替代此前通行的北方之灵黄鹿。这个例证，很多人都很熟悉，至少大多数人多少都是有所了解的——它就是马王堆汉墓出土的那幅帛画。

这幅帛画的上部，在女娲（？）和日乌月蟾之下，分别

马王堆汉墓出土帛画上部

绘有四种灵兽，从上向下，依次是鸟、鹿（或已神化为麒麟）、龙、虎。这些灵兽两两相对，环绕着一个相当怪异的神兽——脸虽然有几分像人，可比三星堆的纵目铜人更为怪异：眼睛是向下的三角，口鼻是向上的三角，脖子比长颈鹿还要长几分，身子像个挂着的大钟。我理解，它很可能就是绘画者心目中的天极形象，而所谓天极即天帝，就是上帝。

　　帛画中鸟、鹿、龙、虎的颜色虽然并非朱、黄、青、白，特别是鹿和虎的色彩分别为白与黄，即为白鹿、黄虎，但四兽匹配，无疑表现的是四灵，这样的颜色只是出于画面配色的需

马王堆汉墓出土帛画下部

要而做出的特殊处理而已。

有意思的是，在这幅帛画的下部，另外还画有一组四灵图像，不过北方灵兽已被替换成龟蛇组合的玄武。新旧两套神灵共存于同一幅画面之中，很好地体现了时代的转换。

在这之后，冯时先生即举述有昭宣时期的卜千秋墓壁画，画上同样是龙、鸟（雀）、虎、鹿同框，只是这里的黄鹿已被"神化"成"麒麟"。北方灵兽经历了一个由鹿向麒麟的"神化"过程，这也是冯时先生业已指明的情况（冯时《中国天文考古学》第六章《星象考原》）。

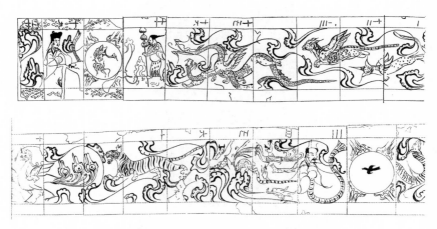

河南洛阳卜千秋墓壁画上的青龙、朱雀、白虎、黄鹿四灵
（据洛阳文物局等编《洛阳古代墓葬壁画》）

三　天极太一

如上所述，在上古时期，中国的先民以青龙、朱雀、白虎和黄鹿来表示太阳视运动轨迹的四个段落。由与之匹配的二十八宿的情况来看，古昔先民是把这个太阳视运动的轨迹标记在天赤道带上。

然而，从现代天文学的角度来看，真正体现或者说准确体现太阳视运动轨迹的是黄道而不是天赤道。在黄道面与天赤道面之间，有一个 23°26′ 的夹角，被称作"黄赤交角"。与中国不同的是，在西方古代天文学中，是用黄道而不是天赤道来观察和标记太阳视运动以及其他星体运动的过程。那么，东西方之间这种差异是怎样造成的呢？

首先我们需要知道，所谓太阳视运动是地球公转运动的反向投影，而现代天文学把地球公转过程中垂直于黄道面中心的那条直线与天球相交会的点称作黄极。然而在古代生活中，人们是很难直接感知这个黄极，更很难认识到它的。与此相比，如果我们把地轴向天球无限延长，就会得到一条垂直于天赤道的天轴，这个天轴在天球边际上的极点，便是天极——对于我们生活在北半球的人来说，实际上就是北天极。

这个天极，极易感知。在晴朗的夜晚，仰望天空，持续一段时间之后，就会很容易看到满天星斗都在旋转。面对这旋转不停的星空，人们也很容易想到，在这群星绕行的天顶，有个恒久不动的枢纽点——这个点就是天极，也就是北极（天北极）。

我们大多数人想到北极，自然很容易把它和北极星联系到一起。假若确实有那么一颗恒星恰好位于北极点上，二者自然合二而一，看到北极星也就找到了北极。可至少在人类有文字记载以来的历史上，就从未赶上过这么巧的事儿，而考察实际的天象，也根本不会出现这样的情况。

司马迁在《史记·天官书》中，就清楚记述了天极（北极）与天极星（北极星）的区别，他这样写道：

> 中官天极星，其一明者，太一常居也。

这里的"中官"，《史记》传世文本俱讹作"中宫"，说详拙文《天老爷的"五官"长得是什么样？》（见拙著《史记新发现》）。"中官天极星"在这里指的是位于天空顶部的一组恒星，"其一明者"云云已经表明"天极星"是复数星体的合称。又"太一"，《汉书·天文志》作"泰一"，只是写法的差异而已。

那么，这个"常居"在天极星群中那颗最明亮的星星身上的"太一"是什么呢？它只能是天极，也就是北极。唐人司马贞给《史记·天官书》做《索隐》，引述魏晋间人杨泉的《物理论》解释说："北极，天之中。"所谓"天之中"，指的只能是天穹的中心点。

在此需要强调指出的是，天极亦即北极与北极星的区别，是中国古代天文历法体系当中的一项重要内容。不辨明这一点，就不能清楚领会这一体系的内在实质。令人遗憾的是，不仅很多普通文史学者，甚至专门研究中国古代天文历法的学者，有时也会做出混淆二者区别的表述（如日本学者饭岛忠夫，在所著《天文暦法と陰陽五行說》七《古代支那の天文暦法及び五行思想》的敘述中就有这种疏误，谓古人以北极星为天帝。这至少是一种很不严谨的说法）。

这个处于天穹中心点上的天极，人们只是感知到它的存在，却根本看不到它的形体，甚至连个影子也瞧不见。因此，只能借助毗邻的亮星来指示它的所在，《史记·天官书》所说"常居"，指的就是这个意思。更准确地讲，与其说是"常居"，不如说它"常邻"。

《史记·封禅书》里记载，在汉武帝时期，"亳人谬忌奏祠太一方，曰：'天神贵者太一，……古者天子以春秋祭太一东南郊，用太牢，七日，为坛，开八通之鬼道。'"这似乎给人一种至汉武帝时期人们才重视太一之神的感觉。其实郭店楚简"太一生水"的说法已经向我们表明，就像谬忌所讲的那样，在汉武帝之前很久，太一就是最为尊贵的天神，而且这尊天神

长沙马王堆汉墓出土帛画《太一将行图》中的太一神（上部中央）
（据傅举友等编《马王堆汉墓文物》）

还是万物之原，因而在古人的观念里，它具有至高无上的地位。

古人重视天极太一，其实质性原因是重视地球的自转。地球的自转，造成满天星斗环绕天极的周期性运转，也造成太阳东升西落的现象——这给世间带来昼夜的转换，也就是所谓

"昏明"（郭店楚简《太一生水》书作"神明"）的变化。

相对于以年为单位的太阳视运动，这样的变化显然更为频密，也与人们的生活更为贴近，更为引人注目，从而也就更容易受到人们重视。而人们既然重视地球的自转，重视天极，随之也就很自然地会重视垂直于天轴的天赤道。因为在人们的眼中，随着地球的自转，天赤道带上的恒星发生了最大幅度的位移。我想，这就应该是中国天赤道坐标体系产生的缘由。请注意，其核心要素，是首重天极，也就是太一，而不是太阳。这是中国古代天文观念的一个重要特色。

古人对天极太一的尊崇，在尊之为帝这一点上，有更清楚的体现。在《史记·天官书》中，有如下一段记载：

> 斗为帝车，运于中央，临制四乡。分阴阳，建四时，均五行，移节度，定诸纪，皆系于斗。

其中，"斗"是北斗，坐在北斗斗魁里的"帝"自然只能是天帝；"临制四乡"的"乡"在这里通作"方向"的"向"，"四乡"也就是东南西北"四方"的意思（按《晋书·天文志》承用此文，即书作"临制四方"）。《淮南子·天文训》对这一观念的表述是"帝张四维，运之以斗，月徙一辰，复反其所"。在东汉画像石中，我们看到有这样一幅画面，在一个北斗星斗魁里，正端坐着一位巡行四方的天帝（见后文第十节）。

理解北斗、斗魁与天极太一亦即天帝的关系，我们再来看

湖北随州曾侯乙墓出土漆箱上的星空图像

湖北随州战国前期曾侯乙墓出土漆箱上绘制的星空图像。值得注意的是，在二十八宿中央所写的那个"斗"字的斗魁部位，有着一个"＋"形符号。

这个"＋"形符号，相关专家往往释作数字之"十"。然而，在北斗的斗魁里写个"十"字是什么意思呢？曾侯乙墓漆箱二十八宿中的斗宿之"斗"同样是这种写法，同样也在斗魁中添有一个"＋"形符号。

这绝不会是无意的增添之笔，结合《史记·天官书》"斗为帝车"的说法，我认为，这个"＋"字符号在这里表述的就应该是天极的意思，也就是天帝的标志。它是这幅画面的焦点，是全天的核心所在，也就是杨泉所说的那个"天之中"。原因是周围那二十八宿就是以这个天极为中心而设定的，而用一个"＋"形符号来表示那个天穹的中心点，也就是那个虽然看不到它的形体却能清楚感知其枢纽位置的天极，也是非常合乎情理的做法。

《说文》释"十"字，谓"一为东西，｜为南北，则四方中央备矣"，实则数字"十"字的初形乃一"｜"划，所谓"四方中央"之"备"自与数目之"十"无涉，然而若以"＋"形符号论之，用它来标志东西南北"四方"之"中央"倒确实非常合理。

值得注意的是，西周武王时期著名的《天亡簋》)（今或将其称谓订正为《大丰（礼）簋》)铭文，乃缘"文王祀于太室"而作，其中有一个横画略微倾斜的"＋"形符号，窃以为很有可能也是表示天极（其横画略微倾斜或为区别于书作"＋"形的"七"字）。虽然这个问题还需要进一步深入探讨，但至少在我看来，若是将其语义解作天极，同上下文义略无窒碍，读起来是很通顺的。

与此相印证的一项考古发现是，河南荥阳距今约5000年的青台遗址。青台遗址的年代与巩义双槐树遗址大体相当，而且同属仰韶文化，也同在黄河南岸，紧濒河水。更重要的是，在这处遗址中有一处和巩义双槐树遗址相同的北斗七星造型的陶罐，而这个北斗斗魁直对着一个圆台——这就是远古时期的圜丘，性质同明清北京的天坛完全相同，乃是用以祭天。具体

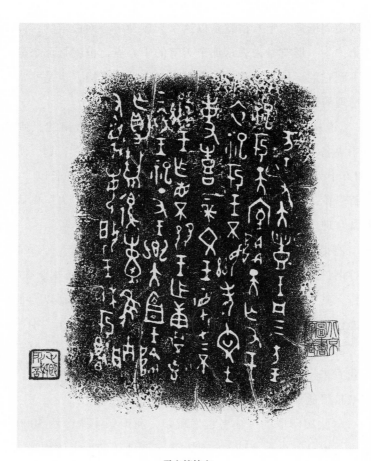

天亡簋铭文

河南荥阳青台遗址出土的北斗七星造型陶罐及其所对应的圜丘

地说，当时所祭之天的表征物，只能是天极，也就是北极——这也就是曾侯乙墓漆箱上那个"斗"字斗筐里装着的"＋"形符号。

　　有意思的是，在青台遗址还出土了一件涂有朱砂的石钺，制作精致。石钺上的红色朱砂，尤其凸显了它的神圣性。如前

河南荥阳青台遗址出土涂有朱砂的石钺

所述，钺具有切割"天道"以成一岁的历法意义，它的出现，无疑进一步强化了这处天文遗迹的重要性。

与此"＋"字符号密切相关的另一件文物，是《宣和博古图》卷九著录的一件"商兕卣"。在这件铜器的器身和器盖上各自铸有一个动物图形，作者将其解作兕，可在我看来这图形更像是头猪。在这两头猪的身上，就各划有一个"＋"字符号，这也应该是用以表示天极的。

由曾侯乙墓出土漆箱上这一天极出发，我们还可以看到一个十分有趣的情况：这就是十天干的首字，也就是甲乙丙丁的那个"甲"字，它的初形也是这样一个"+"形符号。那么，这个"甲"字是否也是由天极生发而来？

《广雅·释天》称"甲乙为幹。幹者，日之神也"。这个"幹"应当就是"天干"之"干"的本字。不过《广雅》以日神来释天干却未必合乎这一词语的本义。

这是因为"天干"不是"日干"。《尚书·尧典》记述说，当舜受命于尧之时：

> 在璇玑玉衡，以齐七政，肆类于上帝，禋于六宗，望于山川，遍于群神。

明万历刻本《宣和博古图》上的天极图饰

《晋书·天文志》尝对这"璇玑玉衡"有所述说：

> 北斗……魁四星为璇玑，杓三星为玉衡。

《晋书·天文志》还记述了北斗中每一颗星独有的名称：

> 魁第一星曰天枢，二曰璇，三曰玑，四曰权，五曰玉衡，
> 六曰开阳，七曰摇光；一至四为魁，五至七为杓。

这里叙述的情况，可图示如下：

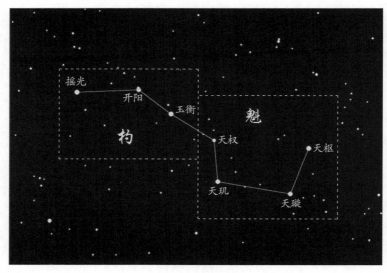

北斗七星结构示意图

如图所示，杓与魁分别是北斗七星中后三星和前四星组合在一起的名称，而前者又称玉衡，后者又名璇玑。

进一步详细解释，是这幅示意图告诉我们璇玑和玉衡都有狭义、广义两种语义。狭义的"璇玑"是指天璇和天玑两星，广义的"璇玑"则是天魁四星的合称，除了天璇和天玑，还包括天枢和天权两星；狭义的"玉衡"是指北斗第五星，广义的"玉衡"则是杓三星的合称，除了第五星玉衡一星之外，还包括开阳、摇光两星。隋萧吉《五行大义》引《尚书纬》疏解《尧典》"在璇玑玉衡，以齐七政"一语，即谓"璇玑，斗魁四星；玉衡，拘横三星"（《五行大义》卷四《论七政》）。

这样，按照上述后一重广义的说法，"璇玑玉衡"也就相当于对北斗七星的一种独特表述形式。

了解这些古代的天文知识之后，就很容易理解，《尚书·尧典》所说"璇玑玉衡"，自然指的就是北斗七星。"在璇玑玉衡"的"在"字在这里意为察看之"察"（《尔雅·释诂》）。"以齐七政"的"齐"，唐人张守节《史记正义》解作"正"，若用现代汉语来讲，释作"检验"似应更为妥当；"七政"则是指"日、月、五星"（《史记》卷一《五帝本纪》裴骃《集解》引郑玄说。按"五星"是指金、木、水、火、土五大行星）。

基于"斗为帝车"这一认知，所谓"在璇玑玉衡，以齐七政"也就等于察看帝车所向来检验太阳、月亮还有土、木、火、金、水这五大行星的运行情况。那么，作为"帝车"的北斗七星，既然是位置恒久不移的恒星，它又能如何游走，会有什么走向呢？恒星之间的相对位置确实可以看作是永世不变，可所谓运动是相对的，如果观察者的位置在不断改换，在他的眼中，这些不动的恒星也就动起来了。道理同我们乘坐火车、飞机看窗外的大地和天空一样——地在动，天也在动。

人们最易直观感知的上天移动，是地球自转所造成的星空周旋——当然这是一种假象，只是漫天恒星随着地球自转在人们眼中所产生的相对位移。因为这种星空周旋太明显了，晴朗的夜空，只要多抬抬眼，隔一阵望上那么几次，就可以看到和清楚感知天上的星星在环绕着那个看不见的极点移动。显而易见，昼夜的转换周期就是它的一个移动周期。

天空的星星是繁多的，可骤然看来也不易厘清这些星体的头绪。在华夏先民的心目中，最能体现"天"至高无上神性的观念，乃是那个被群星环绕着的天极。如前所述，河南荥阳青台遗址出土的陶罐北斗造型和它所直对的圜丘遗迹已经明白无误地告诉我们：从很早的上古时代开始，这个天极就一直是天的表征。所以人们若是以天极的移动来表述上天的昼夜转换周期，应该说是很合乎情理的。

天极本来是不动的，可现在却又要以天极的游动来体现天空的移转（这实际上也就是地球的自转），古人是怎么想，又是怎么处理的呢？

如前所述，天干甲字的初形，同表示天极"＋"形符号一模一样，这意味着天极就应该是十个天干依次移行的原点，也

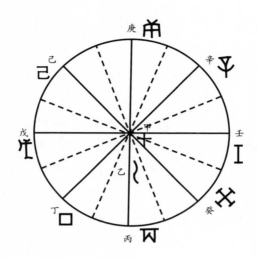

十天干移转过程推想图

就是它的出发点，这也就是上天移行的始点。不过这个始点是
在一动不动的天极，它需要脱离天极，下移到较低的天球纬度
之上，才能展现上天的移动。当然这也意味着表示天极的太一
的移动。《尚书·尧典》云"在璇玑玉衡，以齐七政"，其要义
就在于"斗为帝车"，"璇玑玉衡"的转动过程，实际上意味着
天帝的巡行路径。相比之下，包括太阳在内的"七政"，就都
等而下之，微不足道，有待天帝的"校验"了。

　　天干的乙字，其甲骨文初形是一条拉伸开来的 S 形曲线，
形象地体现出天极太一朝向天赤道的下移。这是因为恒星随着
地球自转而产生的位移，在天赤道带上体现得最为清晰、最为
细微。

43

剩下的丙至癸八个天干，可以非常简单地把天赤道带做八等分，用以标识天极太一运行的另外八个阶段。

其中"丙"字初形像砧子，表示以此为砧板来切分同下降阶段之"乙"的联系，从而进入天赤道带。"丁"字初形做一方框状，表示"天圆地方"之"地方"，也就是大地。古人做此表示，意为太阳尚未向天穹升起，还潜沉在地平线下。《吕氏春秋·序意》所谓"大圜在上，大矩在下"是也。"戊"字字形像以大斧与前一阶段之"丁"切分，此时太阳开始跃出地面，进入上升阶段。甲骨文"旦"字作日在一方框之上，呈"旦"状，这个方框应该就是天干之"丁"，正与"戊"字这一解释相应。"己"字初形象征太阳在伸展上升，处于向正午抬升的阶段。"庚"字初形像某测影之器，表示太阳已升至中天，进入日影最短的时刻。又由此可以引申出以庚字象征巅峰状态，所谓"长庚""赓（庚）续"等词皆由此衍生。"辛"字象征以刀凿与"庚"切分，太阳转入下降状态。"壬"字初形为"工"，像"规矩"之"矩"（"巨"字即以手握矩）之像，表示太阳朝向"地方"之"地"降落，即由白日转入暗夜。"癸"之初字乃双矩正交错置之形，象征着"方地"，实质上同"丁"的寓意一样，表示太阳业已降落到地平线以下，天空彻底进入沉沉暗夜。

这样的猜想，是按照"盖天"的逻辑，把天干的排列次序视作天极太一从天顶下降到天赤道带上再绕行一周。整个这段时间，是地球自转一周的一昼夜。尽管这种八等分天赤道带的观念同地球自转的时间历程并不吻合，因为甲、乙这两个时段被设在进入天赤道带之前，这样一来剩下的那八个天干占用的时间需要减除十分之二。然而天干的设计，年代很早，当时并未用以计时，只是表示一个很粗略的观念，在这样的意义上是完全说得通的。

《淮南子·天文训》叙述一天之内太阳的运行状况，就是略去夜晚不论，把从将明到入夜这段时间分作晨明、朏明、旦明、蚤食、晏食、隅中、正中、小还、铺时、大还、高舂、下舂、县车、黄昏、定昏这十五个时段，似可佐证上述猜想的合理性。

总的来说，古人设置十天干，最初是把它用作体现天极太一运行过程的符号，重点是体现这一过程，而不是把它用作标记行进距离的刻度。

汉字中有一个字，它的构形或可在一定程度上佐证上述推想——这就是早晨的"早"字。通行的大徐本《说文解字》释云"昗，晨也。从日在甲上"，而小徐本《说文》亦即徐锴《说文解字系传》复有"甲，古文甲字"之说。清人钱坫、陈立并谓此云"日在甲上"当作"日在十上"，《系传》之"甲，古文甲字"当作"十，古文甲字"（清陈立《句溪杂著》卷六"释十"条）。按依据《说文系传》通例，《说文》所释篆书本字就是书作"甲"形，当然不宜再有"甲，古文甲字"的说法，自以钱坫、陈立二人的主张为是。不过钱、陈两人所说的"十"字，理应就是作为天极的"＋"形符号。

道光十九年祁寯藻依景宋仿刻本《说文解字系传》

　　早字的构成，既然是"日在＋上"，就清楚显示出在古人的眼里一天之内昼夜晦明的变化，确实是与天极的状态密切相关。

　　另外，殷墟卜辞还告诉我们，商人的日常生活，是把一日分为十个时段，即：晨、旦或朝（明、大采、大采日）、大食（大食、食日）、中日或日中（昼）、昃（昃日）、郭兮（郭、小食）、昏或莫（小采、小采日）、棋（𡊎）、住、夙（常玉芝《殷商历法研究》第三章《殷代的历日》）。这种十段式划分，同上述十天干的本义或许也存在着内在的联系，日后需要进一步探索。

　　更进一步看，数字"七"的初形也是写作"＋"形，从算筹等数目关系的表述形式看，我是怎么也想不明白其间的道理的。若是考虑到"斗为帝车"，端坐在北斗七星斗魁之上的是天极也就是天帝"＋"的话，联系二者之间密不可分的关系，用"＋"来隐指北斗七星且再进而演化成为数目之"七"，似乎也可以说是顺理成章的事情。

　　换一个角度，我们再来看一下上古时期"十日并出"的传说。所谓"十日并出"是讲在同一天内天空同时出现十轮太阳，结果晒得"焦火不息"（《吕氏春秋·慎行论·求人》），草木禾稼自然皆遭枯死，以致"民无所食"。尧帝为拯救万民，命羿射下九日，仅留其一（《淮南子·本经训》）。在实际生活中，这当然是不可能发生的事情。虽然"天干"不是"日干"，但十天干在一昼夜间周行一轮，即诸天干在同一天内逐次轮值，若是由此衍生出"十日并出"的传说，不是很合理的吗？

四　四时十二辰

　　青龙、朱雀、白虎、黄鹿（后演替为玄武）这四灵在中国古代天文历法领域的重要性，主要体现在这些灵兽同四时十二辰之间的关系上。

　　前文已经述及，古人设定这四灵神兽的功用，首先是用以体现太阳视运动的轨迹，而太阳视运动的实质，是地球的公转。因此，四灵的功用实质上标志的是地球公转过程中的四个不同阶段。

　　由于地球公转，黄道面同天赤道面间存在着那个 23°26′ 的"黄赤交角"，而这一倾角决定了随着地球在公转轨道所处位置的不同，地球表面上同一地点接受到的太阳热量产生了周期性的变化。对于像华夏大地这样的中纬度地区，其结果就是冷暖干湿分明的四季转换。

　　古人所说春、夏、秋、冬四季，严格地说，有两种不同用法。一种是阴阳混合年亦即所谓"阴历"意义上的四季，是以朔望月的正月、二月、三月为春季，四月、五月、六月为夏季，七月、八月、九月为秋季，十月、十一月、十二月亦即所谓"十冬腊月"为冬季。有闰月的话，闰在哪个月之后，就随那个月为某季。请注意，春、夏、秋、冬四季的起点分别是正月初一、四月初一、七月初一和十月初一。

这样划分四季的好处，是季节与月份匹配，便于按照配置朔望月的历书安排生产、生活；坏处则是由于闰月的存在，每个具体的月日同地球公转过程中所处的特定位置失去固定的联系，即不像我们现行的阳历那样，看到日历是几月几日，就可以清楚知晓地球公转到了什么位置。所以，处在这种"阴历"历法体系中的"四季"同太阳视运动过程中的特定位置是缺乏固定联系的。形象地说，是可以用"一年一个样"来形容的。

另一种用法，准确的叫法是"四时"，即春时、夏时、秋时和冬时。这种"四时"是对前面第一节所说太阳年的划分。这四时是分别启始于立春、立夏、立秋和立冬这"四立"，同以月亮圆缺变化为周期的朔望月毫无关系，而古人就是用青龙、朱雀、白虎、黄鹿这四种灵兽来分别标志太阳周年视运动过程中的这四个阶段。

然而这样的四时每一阶段都长达九十多天，只适于作长时段的计时单位，人们在生活中更需要一些像朔望月那样长短的计时单位。在这方面，古人的实际处置办法，就是在一个太阳年也就是阳历年内设定了十二个月份，现在人们一般把这种月份称作"天文月"或"干支月"，以与普通的朔望月相

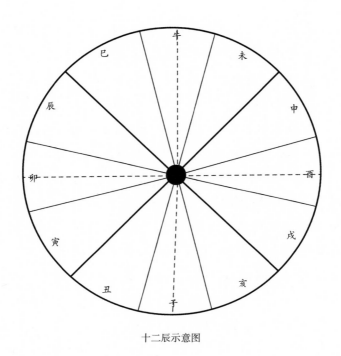

十二辰示意图

区别。

由于这种"天文月"或"干支月"并不是某个天体的运行周期,只是对一个太阳年的十二等分,所以需要先把一个太阳年切分成十二个时段,作为设置这种月份的基础。为此,古人设置了子、丑、寅、卯、辰、巳、午、未、申、酉、戌、亥这十二辰,标记这十二个辰位的符号子、丑、寅、卯等也就是十二地支(日本学者饭岛忠夫过去在讨论十二辰与十二月的关系时，未能清楚理解与十二辰直接对应的是十二天文月，从而以为十二辰是与十二朔望月粗略对应，差误殊甚。说见饭岛氏《支那古代史と天文學》二《支那古代史と占星術》)。

面对这种情况，人们难免会问：这标记十二辰名的子、丑、寅、卯等为什么被称作"十二地支"？

不管是地球的公转还是自转，人们观测它时，参照的都是星空背景的变化，而人们观测到的这种星空背景的变化，参照的是地面上特定固定参照物的变化。不过星空随着地球自转而在一昼夜间产生的转动，时间较短，并不直接被用作标记时间的刻度（人们一般是用漏壶之类的工具来计量一昼夜间的时间进程），因而也就没有建立大地坐标体系的急迫性。地球的公转则不然，它的一个周期历时很久，人们需要随时观测并记录它的位移过程，以体现这一时间的变化历程。这样，就需要建立一个大地坐标体系，来体现地球公转的进程。当然，在古人看来，这个进程也就是太阳视运动的过程。由于这是一个依据地面情况而建立起来的大地坐标体系，所以这些标记十二辰的符号才被称作"十二地支"。

天穹浑圆，本来无所谓东、南、西、北方位，然而在大地坐标体系中却首先需要区分东、南、西、北。标记东、南、西、北方位之后的十二辰，状况将如下图所示：

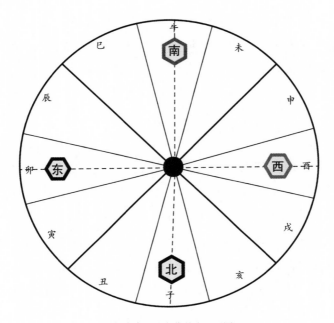

添加东南西北方位的十二辰图

在使用"年""岁"这些纪年词语方面，严格地讲，古人是把一个太阳年称为"一岁"（《周礼》卷六《春官·宗伯·太史》郑玄注），这意味着太阳依照子、丑、寅、卯的次序运转一周，也就是过满了"一岁"。

五 十二月与十二律

　　在前面第一节里我提到的《吕氏春秋·十二纪》《礼记·月令》和《淮南子·时则训》，都清楚记载了中国早期太阳年的月份设置——当时设置的就是同这十二辰匹配的十二个天文月。这十二个天文月是分设在四时之下，即春时为孟春之月、仲春之月和季春之月，夏时为孟夏之月、仲夏之月和季夏之月，秋时为孟秋之月、仲秋之月和季秋之月，冬时为孟冬之月、仲冬之月和季冬之月。董仲舒尝谓"三月而为一时"，又云"天有四时，每一时有三月，三四十二，十二月相受而岁数终矣"（董仲舒《春秋繁露·官制》），这里所说"三月""十二月"，指的只能是这种天文月。

　　在河南郑州大河村距今5500年至4400年前的仰韶文化遗址中，出土有反映当时天文观念的图绘，其中有两种所谓"太阳纹"图像：

　　这两种"太阳纹"图像中环绕陶器绘画的太阳纹饰，都是十二轮。这不会是无意的巧合，体现的就是把一个太阳视运动

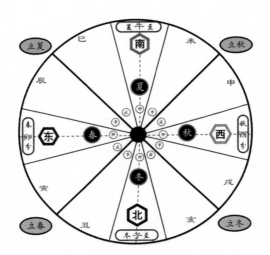

四时十二月示意图

郑州大河村仰韶文化遗址出土陶器上的"太阳纹"图绘
（据郑州市文物考古研究所编著《郑州大河村》）

郑州大河村仰韶文化遗址出土陶器上的"太阳纹"图绘
（据郑州市文物考古研究所《郑州大河村》）

的周期作十二等分的观念，体现的就是十二个天文月。

　　尽管这十二轮太阳向我们清楚而又形象地显示，十二天文月同基于月相变化周期的朔望月完全不同，但从表面上看，古人在一个太阳年内设置十二个这样的月份，似乎同后来通行的阴阳合历的平年系由十二个朔望月构成紧密相关，即由于一个太阳年内大致含有十二个朔望月，人们才设置了十二个比一个朔望月周期略长的天文月。这样想，当然很有道理，也确实应该是人们设置十二个天文月的一项重要原因。

然而除此之外，还有另一方面原因。这就是在音律领域，若是把一个倍频程（octave band）范围之内的声音频率（如220Hz至440Hz，440Hz至880Hz）做十二等分，即分作十二个所谓"半音"，依照这样的音阶来演奏乐器或是歌唱乐曲，对于世界上所有人来说，都显得最为悦耳动听。古人就把这十二个"半音"构成的音阶称作"十二音律"。

在古人的心目当中，这样的音律宛如天示灵兆，冥冥中体现着上天的意旨，故春秋时云"周之王也，制礼上物，不过十二，以为天之大数也"（《左传·哀公七年》）。周乐官伶州鸠言律，更明确地讲道："律所以立均出度也，古之神瞽考中声而量之以制，度律均钟，百官轨仪，纪之以三，平之以六，成于十二，天之道也。"（《国语·周语》）

不管是十二辰的设置，还是十二天文月的划分，它们都没有确定的天体运行轨则可依。须知十二辰和十二月都是对太阳视运动轨迹的切分；若从更深一层的意义上看，这也可以说是对天极太一岁行周期的阶段划分，因而当然需要有个神圣的依据，有那么一番必然如此的道理。于是，古昔先民就想到了十二音律这个神圣的数值，用这个"天之大数"来划分太阳视运动的轨迹"天道"。这就是古人在一岁之内设置十二个天文月的深层机理。

《汉书》以后的正史，亦即所谓"二十四史"往往会设有《律历志》，把音律和历法结合在一起，最根本的原因就在这里。

传世文本的《史记》虽然分别列有《律书》和《历书》，但《太史公自序》称《律书》之作系缘于“非兵不强”云云，谈的都是兵事，分明讲的是“兵书”而不应该是“律书”。司马迁自言所作“八书”包含“礼乐损益，律历改易，兵权山川鬼神，天人之际，承敝通变”，所说“兵权”即指《兵书》。盖太史公原本的《兵书》早已佚失不传，今本《律书》是后人把原本讲述“律历改易”的《律历书》一分为二，其一是在增以其他文字后冠以《律书》之名，来填充《兵书》的空缺；剩下的历法部分则直接改作《历书》。不过《太史公自序》阐述撰著《历书》的宗旨，云“律居阴而治阳，历居阳而治阴。律历更相治，间不容翲忽”，依旧还是律历合志的原貌（说详余嘉锡《太史公书亡篇考》，见余氏文集《余嘉锡论学杂著》）。

如若不然，纯粹从数学角度看，是不大容易简单地对太阳视运动轨迹这个圆周做十二等分的。

从发生的次序来看，古人认识太阳视运动的轨迹，是先有二分二至（春分、秋分和冬至、夏至），再有四立（立春、立夏、立秋、立冬），而到这时，是业已八分了这个圆周。清华大学藏战国竹书《五纪》载述有基于太阳视运动的东、南、西、北“四冘”和东、西各“二橙”相合而成的“四橙”，整理者据文义绘制有下面这样一幅《天纪图》：

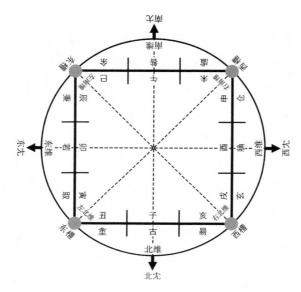

《五纪》中的《天纪图》

这幅图实际体现的就是对太阳视运动轨迹的八等分。

在做出这种八等分的基础上再想对这个圆周做出十二等分的划分，显然是做不到的；容易做的，是把这八份再一分为二，做出十六等分。

安徽含山凌家滩新石器时代遗址出土的神秘刻纹玉版（距今5500年上下），其主体图像构成，就是这样一种十六等分的太阳视运动轨迹。须知这块玉版并不是一个平整的平面，而是呈中心凸起的穹隆状。我认为这块玉版就是《尚书·顾命》里讲的"天球河图"，而与时下流行的所谓八卦或洛书图形毫无

安徽含山凌家滩遗址87M4大墓出土"天球河图"玉版
（据安徽省文物考古研究所《凌家滩——田野考古发掘报告之一》）

关系。

关于这个"天球河图"的具体记载，见于《尚书·顾命》：

越玉五重陈宝：赤刀大训、弘璧琬琰，在西序；大玉、
夷玉、天球河图，在东序。

这里陈列的五重越玉，伪孔传以为西序二重，东序三重。按
照这样的理解，理应做上述标点。其在西序者，乃赤刀大训
和弘璧琬琰（伪孔传有具体解释）；在东序者，大玉与夷玉二
者明显是并列关系，不宜混为一事。而这样一来，所谓"天球
河图"四字自宜连读，释作一玉，亦即刻划出"天球"特征的
"河图"。

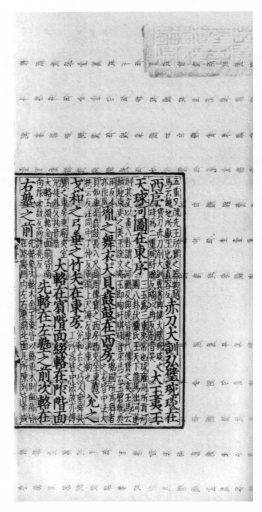

傅增湘旧藏《四部丛刊初编》影印清公文纸印南宋建阳书坊刻本《尚书》

这就是所谓"河图"的历史真相。至于"河出龙图，洛出龟书"以及受河图而画八卦之类的说法，俱属晚出衍生，不足以论河图的本来面目。

凌家滩玉版上那个圈围着十六条放射线的大圆，表示的就是太阳视运动的轨迹。与此相对应，位于这块玉版图形中心小圆内的星状八角形，当然只能是象征着天极太一，也就是《史记·天官书》所说坐在帝车上的那个天帝。

看到这种情形，敝人不由得联想到甲骨文中"帝"字的初形：

从具体用例来看，甲骨文"帝"字的初义就是天帝。然而迄今为止，我还没有看到古文字专家对这个字的字义与字形的关联做出合理的解释。有人说像花蒂之形，又有人说像束薪之态，更有想法特别的专家说像女人两腿之间那个器官的外形。猜文测字到了这个程度，在平常外行人看来，未免有匪夷所思之感——因为形状的差别实在太大了，怎么想的呢？

甲骨文"帝"字

　　窃以为此字的核心构件，是中心那个八柱外伸的"米"形，其意应与凌家滩玉版中心的八角图形相同，同样都是用以体现那个玄秘悠远的天极。而"米"形左右两侧和上部那三条直线，不过用以标识它处于天穹的中心而已，即以左右两短竖表示下垂的天幕，顶部一长横表示天顶。

　　其实以八角图形来表示天极，在中国古代早期文化遗址中多有发现，如大汶口文化的器物中就有很多这样的图案（按冯时先生在《中国天文考古学》第八章《天数发微》中列举很多类似的史前八角图形，但他除了通行的射芒太阳说之外，更主张从九宫八卦的角度来解析这一图形）。值得注意的是，这种八角形图案在东南地区很多原始文化遗址中的发现，

大汶口文化八角形图案彩陶盆

正与《尚书·顾命》所说"天球河图"乃为"越玉"的记载相对应。

基于这些情况，我们不妨回过头去，再来看一下第一节提到的西水坡蚌壳堆塑四灵，重新审视一下四灵图案中那只蜘蛛，若是考虑到蜘蛛八足的形态特征，就会发现，这只八足蜘蛛一定还具有天极的寓意，亦即八足蜘蛛也就犹如八角星图形（附按这个堆塑图形中的蜘蛛在八足之外似乎另有两足，但这体现的应是蜘蛛前端的触肢。蜘蛛足正式的名称是"步足"，所有蜘蛛都只有四对八只步足，另配一对两只同步足有些相似的触肢）。这样，八足的天极寓意同蛛网的天道寓意结合在一起，这个堆塑的造形就更加完美地表征了天长日久、与天无极的意象。

由这些情况也可以看出，十二辰和十二天文月确应是一种别有根柢的特殊设置。

六 十二次与二十八宿

在我看来，古人设置十二辰的初意同十二天文月一样，只是用以体现一个太阳年内的十二个不同阶段。然而这种十二等分某一时间周期的做法，不仅可以用于年岁这个周期，也可以把一日等分为十二个时辰，还可以等分更长的周期。譬如若把十二年作为一个循环的周期，那么每一个年份也就犹如这种周期内的一个刻度。

事实上古人还另外设置了一套以十二为周期的纪年体系，这就是十二次或称十二星次。十二星次，是把天赤道带均匀地分为十二段：起始一段名为星纪，其后依次是玄枵、娵訾（又写作"娵觜"）、降娄、大梁、实沈、鹑首、鹑火、鹑尾、寿星、大火、析木。不过这些星次的排列次序，与十二辰相反，即从北极上空俯视看，是逆时针的，而这正是地球和金木水火土五大行星公转的方向。

十二次的名称，其中很多常人似乎都不大容易理解，不过起首的名称"星纪"，从字面上看好像倒很简单，即星纪者，乃星之序也。那么，这个"星"究竟指的是哪个星呢？或者说它指的是某个具体的星还是泛指那漫天繁星呢？

在《汉书·律历志》里，有如下一段记载：

> 斗纲之端连贯营室，织女之纪指牵牛之初，以纪日月，故曰星纪。五星起其初，日月起其中，凡十二次。日至其初为节，至其中斗建下为十二辰。视其建而知其次。

这里"斗纲之端连贯营室"，指的是在太阳历十二天文首月孟春之月"日在营室"（《吕氏春秋·十二纪·孟春之月》）。

所谓"斗纲之端"意即太阳年初始之际。"织女之纪指牵牛之初"，"牵牛之初"则是指太阳视运动到冬至点时其在天幕背景上所处的位置——牛宿开头的地方，而冬至是一个太阳年在天文意义上的启始点。"以纪日月，故曰星纪"这两句话则有些费解，讲的是由什么来"以纪日月"呢？实际上，太阳年的展开次序与孟春之月的展开过程在方向上当然是同一的，因为这个孟春之月就是太阳年的历法。顺着文义前后通下来，用现在的大白话讲，这几句话的意思是按照太阳视运动的顺序来体现日月运行的规律和过程。

不过既然是体现日月运行的规律和过程，为什么又会称作"星纪"呢？更重要的是，由这段记述中还可以看出，这"星纪"二字不仅具有十二次首次的语义，它还有着十二次统称的含义，所谓"五星起其初，日月起其中，凡十二次"，讲的就是这个"星纪"内涵的意旨。

既然日月五星都遵循十二次的顺序依次而行，那么，为什么不以更为引人注目的日或月来称谓这套体系将其名为"日次"或"月次"呢？

从总体上看，中国古代的天文观念以及依此观念所做的设置，通常都要有具体天体的存在或运行状况做依据。那么，有没有同"星纪"之数"十二"相匹配的天体呢？——有，这就是岁星的运行周期。岁星公转一周的时间是 11.86 年，这个数字同 12 年非常接近，粗略地看，就可以认为它的运行是以 12 年为一周。

因此，在我看来，设置十二次时依据的天体运行数据，就是岁星的周期，而"星纪"的"星"并非泛称，而是特指岁星。正因为如此，岁星才会别名"纪星"。

《史记·天官书》在记述岁星的运行状况时，先记明"岁星……岁行三十度十六分度之七，率日行十二分度之一，十二岁而周天"，且谓"以摄提格岁：岁阴左行在寅，岁星右转居丑"，接下来就是按照运行的次序，一一载录单阏岁以下直至赤奋若岁这十一岁间岁阴和岁星所处的辰位。不过从单阏岁到赤奋若岁，叙述岁星经行辰位时只是单用一个"星"字而不再记曰"岁星"，譬如单阏岁是"岁阴在卯，星居子"，而终点赤奋若岁的情况则为"岁阴在丑，星居寅"。

这里的"星"字指的显然是岁星，或者完全可以把它看作岁星的省略写法。然而实际情况并不这么简单。譬如前面的"岁阴"就一直没有别用省称，在上文摄提格岁下已经写明"岁阴"的前提下，比照单以"星"字称谓"岁星"的做法，未尝不可单用一个"阴"字代指"岁阴"。当然看我这么讲，或许有人会说"岁星"省称为"星"，也是上蒙"岁阴"之"岁"才会这样来用，即"岁阴在卯，星居子"或"岁阴在丑，星居寅"之类的用法，是以"岁阴"之"岁"兼该下句"星"字。

司马迁下面这段话，我想可以解除上述疑惑：

> 自初生民以来，世主曷尝不历日月星辰？及至五家、三代，绍而明之，……仰则观象于天，俯则法类于地。天则有日月，地则有阴阳。天有五星，地有五行。天则有列宿，地则有州域。三光者，阴阳之精，气本在地，而圣人统理之。(《史记·天官书》)

"世主曷尝不历日月星辰"中的"历"字，应该是指生活中应用的历书，或亦可解作泛义的历法。按照这样的理解，所谓"历日月星辰"，就是要依据"日月星辰"来编排生活用历。在《尚书·尧典》里，本来是把"世主曷尝不历日月星辰"写成"钦若昊天，历象日月星辰，敬授民时"，这个"象"字，更为清楚无误地表明了依据"日月星辰"以制历的意思。

以日定历，除了表示一昼夜之外，形成的更长、更具有历法意义的时间单位是回归年，也就是太阳年；以月定历，自然而然形成的时间单位是朔望月。那么，以星定历呢？显而易见，若非特指某一星体，依据漫天的繁星是不可能设置特定的时间长度单位的。不管是日也好，还是月也罢，与其相关的时间长度单位都是固定的，也是唯一的，所以，这个"星"字指的也只能是某颗具体的星——这颗星便是岁星。

岁星被选作制历的依据，首先是缘于它"十二岁而周天"的运行周期，这个数值又正与十二辰的数目相应（附按日本学者饭岛忠夫等以为十二辰的设置是基于岁星的运行周期，但岁星周期只是接近十二岁一周而已，二者之间实际上存在着明显的差值，因而是无法依据岁星的运行周期来设定十二辰的。饭岛说见所著《支那古代史と天文學》一《支那天文學の組織及び其起原》）。如上一节所述，古人系以十二为"天之大数也"。这个近乎规整的运行周期，正好可以把它用作划分十二次的依据；更具体地讲，以十二年为一周期的所谓岁星纪年体系，就是司马迁所说"历星"之"历"。

中国历史上有一个著名的"天人感应"的事件，这就是汉元年十月，当刘邦入关中而来到霸上之际，"五星聚于东井"。《汉书·天文志》谓此事，若"以历推之，从岁星也，此高皇帝受命之符也。故客谓张耳曰：'东井秦地，汉王入秦，五星从岁星聚，当以义取天下。'"。看"五星从岁星聚"这句话，足见在古人的心目当中，岁星亦即木星乃具有凌越于水、金、火、土诸星之上的地位。

其次是岁星亮度较高。按照现代天文学划分的星等（视星等），岁星的亮度为 –2.5 等，已高于人类肉眼所见的全部恒星，仅次于太阳、月球、金星和很少一段时期的火星（火星只是在冲日位置前后亮度略高于岁星）。金星以及短暂时间内的火星虽然会比木星更亮，但由于这两颗行星距离太阳过近，夜晚看到的时刻不是很多，所以在夜晚的大部分时间内，在漫天群星中木星都最为耀眼，这样也就更容易被用作制历的依据。

至于"历日月星辰"句中的"辰"字，单纯从字面上看，指的应该是辰星，也就是水星。辰星在五大行星中离太阳最近，不超过一个辰位的距离，故在人们的眼中，二者犹如居于同一个位置上一样。

古人是把周天划分为三百六十五又四分之一度（《淮南子·天文训》、《周髀算经》卷上），亦即以日为单位，一日一度，即《范子计然》所云"日者行天，日一度，终而复始，如环之无端"（唐虞世南《北堂书钞》卷一四九《天部》引佚文）。这样，太阳视运动的周期也就可以用这样的刻度单位来标记。

在两周金文中，常常可以见到"辰在某甲子"的纪日形式，即用六十甲子来纪日（张闻玉《铜器历日研究》第二编《铜器历日研究条例》以为依金文通例，凡言"辰在某甲子"者，均属朔日，但这并不妨碍这种形式是以甲子纪日，只不过是用于记述特殊的日子而已）。这样的纪日方式，实际上是用这个"辰"字代指太阳，来体现太阳视运动所经行的每一个刻度，即用以表示太阳在其视运动轨迹中经行的一个特定位置，屈原《九歌·东皇太一》所谓"吉日兮辰良"即此之谓也，而这当然也是一项重要的历法要素。

古人之所以不直接称"日在某甲子"而用"辰"来代指，是因为太阳过于明亮，无法直接观测它背后的恒星背景，亦即所谓二十八宿，辰星则在晨昏之际的星空中能够观测得到（别详拙文《身在此日是何辰？》，收入即将于三联书店出版的拙著《坐井观天》）。

清华大学藏战国竹书《参不韦》载上天告诫夏启曰"日月星辰，不违有成"，又告诫他要与"日月星辰"相谐，即谓恪遵不违日月星辰的规律乃能成就其事，其"日月星辰"的含义，与太史公所说完全相同，"星""辰"都有特定的指向。

又清华大学藏战国竹书《五纪》复谓"日、月、星、辰、

清华大学藏战国竹书《参不韦》

清华大学藏战国竹书《五纪》

岁，唯天五纪"，故"文后乃伦历天纪"。这里的"星"也应该是指岁星，"辰"亦同指辰星，而"岁"则是指太岁，不然的话，就没有办法与"伦历天纪"的说法相匹配。

明了"星"字在这里的特指意象之后，《史记·天官书》下文的"三光"也就很好理解了——所谓"三光"者，就是日、月、岁星这三个在天空中最常见的明亮天体。《淮南子·原道训》谓道者"横四维而含阴阳，纮宇宙而章三光"，东汉许慎注云："三光，日、月、星。"观《淮南子》下文复谓"日月以之明，星历以之行"，这里又把"星"与"历"紧密结合在一起，这与司马迁所说"历星"如出一辙，尤证所谓"三光"之"星"应指岁星。需要说明的是，前人虽然对这"三光"做过很多解释，但由于没有意识到岁星独有的特点，所说都未能切中肯綮。

不管是这里讲到的十二次，还是前面提到的十二辰，都涉及如何划定逐次或逐辰间刻度的问题。

首先我们需要明确，十二次和十二辰，二者的间隔划分，实际上是完全一致的，只是前者的排列次序是逆时针的，而后者是按照顺时针方向排列的。

这样的十二个间隔，实质上是一种刻度的划分，在《汉书·律历志》里，我们可以看到十二次的具体划分方法——乃是依据二十八宿来划定十二次，其基点是牛宿开始的时候，即所谓"牵牛初度"。这个点被定在十二次首次星纪的中间位置上，而这一点也是每年冬至时分地球公转所至的位置。

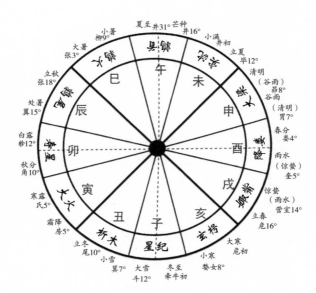

十二次与十二辰及二十四气关系示意图
（据《汉书·律历志》）

　　附带说一下，现在世俗所说二十四节气，古时正式的称谓叫"二十四气"。这二十四气中相邻的两气配对组合，构成了十二节。十二节中靠前面的一气叫"节气"，靠后面的另一气叫"中气"，其中最有标志性意义的情况是：立春、立夏、立秋和立冬这"四立"属于节气，春分、秋分与夏至、冬至这"二分""二至"属于中气。由于二十四气的交替是随着地球的公转而产生的，所以其递变的次序也同地球公转的方向一致——顺着星纪、玄枵诸星次呈逆时针状。不仅如此，二十四气中的十二节还与星纪、玄枵等十二星次相对应，如大雪与冬至两气即与星纪这一星次相对应。前已述及，冬至开始的时候正处于星纪这一星次的中点位置上。

　　看到上面出示的《十二次与十二辰及二十四气关系示意图》，大家就可以看出，不管是十二次、十二辰，还是二十四气，要想对它们做出清楚的划分，都需要有个明显的凭借——古人选定的这个凭借，乃是二十八宿。

　　二十八宿又称二十八舍，是天赤道带上的二十八组恒星群，其天文历法意义同西方的黄道十二宫颇为相似。不过所谓黄道是地球公转的轨道，而前面第三节等处已经提到，在赤道面与黄道面之间有一个 23°26′ 的"黄赤交角"，所以从理论上来说，用分布在赤道带上的二十八宿来划定十二次和十二辰，或是标记二十四气的节奏，实际上是要用以体现地球的运动轨迹，而这同地球运转的轨迹黄道是有一定差距的，并不十分合理。然而一则这一差距相当微小，通常可以忽略不计；二则前已述及，中国古昔先民因重视天极而衍生出对天赤道的特别重视，所以就采用了这种天赤道坐标体系。

如果不管什么情况，都直接用二十八宿作为刻度来体现地球公转或太阳视运动的周期，也有一个很大的缺陷，这就是这二十八组恒星的间距很不规则，宽的很宽，窄的很窄，实际很不方便。于是，人们就又创制了一套"十二次"或"十二辰"的体系，即把天赤道带均匀地十二等分，其每一个刻度，称作"一次"或"一辰"，合之则为"十二次"或"十二辰"。

谈到二十八宿，就不能不涉及这种天赤道坐标体系的起源问题。世界上很多天文学史专家，都认为二十八宿的划分是基于恒星月的周期（恒星月是指月球绕地一周的实际时间长度在恒星背景上的体现），即一个恒星月为 27.32 日，27 日之外那不足一天的余数没法舍掉不管，所以取其近似值为 28 日。在这个时间周期内，人们每晚观测到的月亮背后的恒星背景不断发生改变，接近 28 天转换一周天。所以从表面上看，似乎合情合理。

然而仔细分析，实际情况也未必一定是这样。

阅读相关天文历法的著述，可以看到，与恒星背景的周期变化相比，古昔先民显然更加重视月相的朔望变化周期，即在古人的实际观测中朔望月远比恒星月更为重要。

《吕氏春秋·季春纪·圜道》述曰：

　　日夜一周，圜道也；月躔二十八宿，轸与角属，圜道也；

精行四时，一上一下各与遇，圜道也。

论者往往举述其中"月躔二十八宿，轸与角属，圜道也"，作为二十八宿乃"为观察月之行度而建立"的"明证"，且谓得此"明证"，其说便"殆无疑义"（钱宝琮《论二十八宿之来历》，见钱氏文集《钱宝琮科学史论文选集》），然而仔细揣摩，对这段《吕氏春秋》的文意，或者还可以做出其他的解释。

《吕氏春秋》这段叙述，在前面讲述了一个前提，就是讲所谓"天道"对人间君主施政治世的主导作用。那么，这个"天道"是什么呢？《吕氏春秋》说："天道圜，地道方，圣王法之，所以立上下。何以说天道之圜也？精气一上一下，圜周复杂，无所稽留（汉高诱注：'杂'犹'匝'，'无所稽留'，运不止也），故曰天道圜。"圜，犹如圆，也就是说上天之行，系做圆轨运转，这就是所谓"天道"的具体体现，故下文"日夜一周"云云乃是具体阐述"天道"何以为此"圜道"。

具体地讲，这里所说"日夜一周"，是讲地球自转，在古人眼里似为天体自转，其转动的规律，为一昼夜间运行一周。近人孙锵鸣以为其中"日"字本应为两"日"重文，作"日，日夜一周"，传写遗落其一（见陈奇猷《吕氏春秋校释》卷三），所说应是。盖视日升日落如太阳绕地而转，"日，日夜一周，圜道也"。意谓此太阳昼夜运行一周之道即为"圜道"。

又"精行四时，一上一下各与遇，圜道也"，是讲地球公转的规律。众所周知，地球公转的一个周期也就是一个太阳年，而古人是把一个太阳年分为春、夏、秋、冬四时的，所以四时循环以成"圜道"，这是合情合理而又显而易见的。

稍微需要解释一下的是，吕不韦在这里采用了"精"这个字来体现绕日运转的地球，当然在古人眼里这是太阳的周年视运动。按照陈奇猷先生的解释，这里的"精"，就是前文"精气一上一下"那个"精气"，意即阴阳之气。郭店楚简《太一生水》云"佥易（阴阳）复相辅也，是以成四时"，虽然这里的"阴阳"实际是指冬至和夏至这两个日行的节点，同所谓阴阳之气并不完全相同，但阴、阳两气源自冬、夏二至所表征的寒暑冷暖，道理还是相通的。

在这样的认识前提下再来看"月躔二十八宿，轸与角属，圜道也"这几句话，我们就很容易清楚理解，不管是以"日夜一周"来体现地球的自转也好，还是以四时循环来体现地球的公转也罢，这昼夜交替和四时转换，都只是作为展现地球运动的背景出现的，主旨都不是在讲述地球转动的机理和运行状况。

上面那段话中的"轸"，是指轸宿，它是南方七宿的最后一宿，而"角"是东方七宿中起首的一宿。"轸与角属"即意味着二十八宿的最后一宿结束之后再重新开始下一轮回，进入新的一宿，这也就是现代所谓恒星月的周期。

这始自东方角宿而终至南方轸宿的二十八宿，便是"月躔"的背景。所谓月躔，也就是月亮在天幕背景下走过的路径，或者说在运动过程中所留下的足迹，而体现这条路径或是

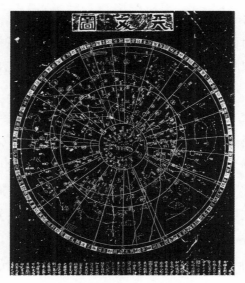

苏州宋代石刻天文图拓本

这一系列足迹的天文背景，就是二十八宿。这是因为由角宿到轸宿，经历了这所有二十八宿，也就意味着绕着天幕背景走了一周天，这二十八宿像一个个醒目的刻度，清楚地体现了周天的状况。

换句话来说，就是古人固然可以把二十八宿视作观测月球行进状况的背景，可这并不意味着二十八宿乃是基于一个恒星月内月亮在每一天晚上所对应的一组恒星"星官"（这也就是现代天文学中讲的"星座"）而设置的。《周髀算经》谓"月之道常缘宿，日道亦与宿正"，王充《论衡·谈天》亦谓"二十八宿为日月舍，犹地有邮亭为长吏廨矣"，所说都是日、月并举，舍于二十八宿而行进的不仅有月亮，还有太阳。这样就没有理由仅仅因月亮依循二十八宿次序而运行就把二十八宿产生的原因归诸恒星月的周期，至少应该同时考虑日、月这两项因素。

须知二十八宿中每一宿在天赤道带上所占据经度的宽窄不仅不是等距的，而且相互之间的差距还很大。譬如《淮南子·天文训》记载诸宿所占经度（当时是把周天划分为 365 又 1/4 度），最大的东井是 33 度，与之毗邻的舆鬼却只占 4 度，最小的觜宿更只有 2 度，广度最大的东井与最小的觜宿，相差竟达 16.5 倍！

在这种情况下，月亮又怎么能够按照每日一宿的进度前行？长沙马王堆汉墓出土《五星占》所记填星（土星）行度，由于东井这一宿的广度实在太大，填星竟连续两年"与东井晨出东方"——平均大约每年行经一宿的填星尚需耗费整整两年时光才能通过井宿，那么，月球又怎么能够以日为单位逐宿前行？实在令人难以理解作为算学专家的钱宝琮先生何以会说月球会在二十八宿中"日旅一星（宿）"。因为这是十分简单的算术问题，是无论如何也做不到的。

另一方面，在传世文献中我们从未见过古人依此恒星月周期来观测月行进度的情况。特别是《史记·天官书》载述月行状况，乃只字未提月轮周行过程中与二十八宿之位的对应关系；《汉书·天文志》更明确记载说"至月行，则以晦朔决之"，即论月行重朔望月而不言恒星月。这是古人天文实践状况的真实反映，清楚显示出二十八宿的设定不会是缘于月球绕地的节奏。

除了古代中国之外，古印度、阿拉伯、伊朗、埃及等地也很早就有类似的星宿划分制度，天文学史研究者一般认为各地之间应有共同的渊源，不过其中只有古代中国和古印度出现的时间较早。一些学者主张源出古印度，另一些学者则主张源自古代中国。

据云古印度类似的二十八宿制度，同恒星月之间具有清楚的对应关系，主要表现为印度历史上曾有过二十七宿的分法（竺可桢《二十八宿起源之时代与地点》，见《竺可桢文集》），这比二十八宿更符合恒星月为27.32日的情况，而在中国起初也是二十七宿，这是主张中国二十八宿源自恒星月周期日数者提出的最强有力理由（按专门研究中国古代天文学史的权威学者席泽宗先生谓竺可桢先生二十八宿的观点提出后，"国内外学者基本上趋于一致"，意即认同竺氏的见解。说见席文《竺可桢与自然科学史研究》，载席泽宗院士自选集《古新星新表与科学史探索》）。

古印度的情况究竟如何，非固陋如余者所知，但重审诸家举述的证据，却可以得出与现有成说不同的认识。

持古昔之时本设二十七宿说者，其主要证据是《史记·天官书》记中、东、南、西、北五天官属下主要星体（按今本《史记·天官书》俱讹"官"为"宫"，别详拙稿《天老爷的"五官"长得是什么样？》，见拙著《史记新发现》），除了北官壁宿之外，其他二十七宿俱一一叙说，鉴于"印度二十八宿在古代经典中有合室壁二宿为一者"，于是，论者便以为《史记·天官书》依据的原始史料即同样没有壁宿。

《史记·天官书》复有语云：

太岁在甲寅，镇星在东壁，故在营室。

这里的"东壁"就是壁宿的另一种称呼，"营室"又称室宿，而"镇星"是填星（亦即土星）的另一种写法。同时，《尔雅·释天》复述云：

营室谓之定。娵觜之口，营室、东壁也。

论者以为依据上面这两条记载，"可知东壁原为营室的一部分"（竺可桢《二十八宿起源之时代与地点》；夏鼐《从宣化辽墓的星图论二十八宿和黄道十二宫》，见《夏鼐文集》；冯时《中国天文考古学》第六章《星象考原》）。

通观《史记·天官书》的内容，可知其缺载壁宿，确实没有合理的缘由，其间一定存在某种问题。然而这里的问题未必一定如论者所云是只设有二十七宿，当时还没有壁宿。究竟应该怎样理解这种情况产生的原因，首先需要通观全篇，看看司马迁在《天官书》中究竟是怎样叙述二十八宿问题的。

除了对五天官下星体的叙述之外，《天官书》中还在两处一一列举过二十八宿的名称：一是讲岁星（木星）行度的时候，二是讲辰星（水星）分野的时候，都是一无所遗，也包括营室和东壁在内；另外，司马迁在这里还提到"二十八舍主十二州，斗秉兼之，所从来久矣"。

这种情况告诉我们，《天官书》在五天官下缺载壁宿，很有可能出自文本的夺落，并非太史公本来就这么个写法。清人钱大昕就以为"北方七宿不及东壁，盖传写失之"（钱大昕《廿二史考异》卷三），这自是通观二十八宿总体状况之后做出的合情合理的推断。况且若是存在由二十七宿到二十八宿的演变，这也是中国古代天文史上的一项重大变化，司马迁总该对此做出适当的说明，更不会如此前后抵牾。又检《汉书·天文志》述及相关内容，乃完全承用《史记》旧文，这些自相矛盾之处，仍一如其旧，我们总不能说到班固写《汉书》的时候，还残存有所谓二十七宿的痕迹吧，只能说班固读到的《史记》已然如此，而这种情况理应缘于偶然的脱佚。

现在不妨暂且搁置《天官书》何以缺载壁宿的问题，回过头来，再向前看。我们看到战国时期的《石氏星经》，就已经同时提到了营室和东壁两宿，而且这两宿也都是只有两星相连构成（唐瞿昙悉达《开元占经》卷六一《北方七宿占》引《石氏星经》佚文），这说明在太史公之先也并不存在这两宿尝合二为一的情况，因而对于我来说，很难想象《史记·天官书》中会有另外一种二十七宿的记载。

那么，《史记·天官书》中为什么又有"太岁在甲寅，镇星在东壁，故在营室"的说法呢？

关于这一条记述，从最早提出疑问的竺可桢先生起，我从未见到有人对它做出具体的说明——就是完整地解读这段话，看它所表述的到底是什么意思。也许有人会说，像竺可桢先生这样的科学家，一定心知肚明，自有科学的解释。但我们做学术研究是由不得想当然的。清朝对天文之学造诣殊深的学人洪颐煊，就老老实实地说："此节文义不可解，疑有脱误或错简。"（洪颐煊《筠轩文钞》卷七《史记天官书补证》）

其实这段话里的舛误是相当严重的，因为"镇星在东壁，故在营室"这句话根本不符合正常的逻辑——怎么"镇星在东壁"就"故在营室"了？这"在营室"的天体到底是什么？特别是其中的"太岁"一语是中国古代天文历法体系中十分重要的基本概念，而这里的用法却存在重大谬误。不过这个问题相当复杂，需留待下文再予申说，这里姑且置而不论。

仅就目前的文本而言，从逻辑上讲，"太岁在甲寅，镇星在东壁，故在营室"这句话里存在的问题，是东壁与营室这两宿的关系混乱不清。如果说东壁与营室两宿业已合为一宿，同为一事，就不会有什么"镇星在东壁"的说法，直接写成"镇星在营室"好了。其间一定存在某种特殊的缘由，而这一点正是令洪颐煊困惑不解的地方。

其实洪颐煊本人在解读《史记·天官书》相关内容时已经在无意间接触到其间的奥秘：

"营室为清庙,曰离宫、阁道"。《天官书》记四方二十八宿,皆直举其名,以众所易知也,余星则各依其附近方位并星数言之。营室与离宫,古法本分为二。此当云"营室为清庙,其上六星曰离宫",传写者脱之,文义遂不相连属。又案阁道六星已见中宫(德勇按:此"宫"字当正作"官"),此不应重出"阁道"二字,疑后人增加。《毛诗》"定之方中",笺云:"定,昏中而正,谓小雪时其体与东壁连正四方。"《考工记》"龟蛇四旐,以象营室",郑注云"营室与东壁连体而四星",古人室壁兼言,故《天官书》不载壁宿。《元命包》云营室十星,又合离宫六星言之。(洪颐煊《筠轩文钞》卷七《史记天官书补证》)

洪氏在这里讲《史记·天官书》叙二十八宿而独遗东壁,是因为"古人室壁兼言",故举述营室便可以兼该东壁,这样的看法未必合理,盖二十八宿诸宿都具有不可替代的意义,因而也都有必要具体叙述清楚,司马迁在《天官书》中是无论如何也没有理由略而不讲的。不过洪颐煊谈到的"定之方中"和"龟蛇四旐,以象营室"的情况,特别是他由郑玄"营室与东壁连体而四星"的笺释所得出的"古人室壁兼言"的认识,却向我们表明在古代确实是有用"营室"一语来并指营室和东壁这两个星宿情况的。

正确理解这一情况,需要先从营室和东壁两宿的构成及其初名说起。营室和东壁都只有两颗星构成,二星相连,各成一线，相互毗邻平行（唐瞿昙悉达《开元占经》卷六一《北方七宿占》引《石氏星经》佚文）。这样的形态像什么？像两军对垒，所谓壁垒分明、壁垒森严是也。

夏鼐先生在研究二十八宿起源问题时，也以为营室与东壁二宿曾合属一宿，并具体提出马王堆汉墓出土的占验文书《五星占》，"仍以东壁为营室，壁、室合一"，即谓这一记述也显示出了营室与东壁确尝合二为一（夏鼐《从宣化辽墓的星图论二十八宿和黄道十二宫》）。

那么，马王堆出土《五星占》帛书中真的有这样的说法吗？在帛书中与此相关的《金星行度》部分，开篇即述云"（太白）正月与营室晨出东方"，可是帛书中同时又有"（太白）正月与东辟（德勇按通"壁"）晨出东方"，这岂不营室是营室、东壁是东壁吗？怎么能得出"以东壁为营室，壁、室合一"的结论呢？根本一点儿边儿都不沾的事儿嘛，夏鼐先生的看法和说法，未免与我们眼前所看到的事实差距太大。

不过有意思的是，在《五星占》的《金星行度》中，除了东壁，我们看到还有一个西辟（壁），乃谓"正月与西辟晨入东方"。《金星行度》这部分讲的就是金星在不同时刻与二十八宿中哪些星宿相伴出入的状况，故此"西辟（壁）"亦自属二十八宿之一无疑。实际上它就是营室的别名——东汉人郗萌即谓"营室，西壁也"（唐瞿昙悉达《开元占经》卷六一《北方七宿占二》）。其实不仅在讲"金星行度"时是并提营室与东壁，马王堆汉墓出土《五星占》在讲"木星行度"时亦记曰秦

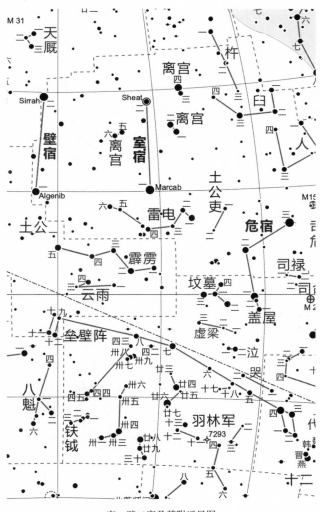

室、壁二宿及其附近星图

始皇元年岁星"相与营室晨出东方",二年便"与东辟（壁）晨出东方"；另外在讲"土星行度"时也记述说秦始皇元、二两年填星"与营室晨出东方",三年则"与东辟（壁）晨出东方"。这些记载更清楚地显示出在《五星占》中绝没有夏鼐先生所说"壁、室合一"的迹象,而且连一丁点儿痕迹都没有。

在曾侯乙墓出土漆箱描绘的二十八宿当中,在相当于营室和东壁的位置上,标记的是"西紫"和"东紫"两个宿名。这里的"紫"乃通作"营",表示的应是营垒的意思。在表示军营外垣这一意义上,不管是写作"壁",还是写成"营"（紫）,同样都是军营壁垒的意思,而曾侯乙墓出土漆箱上"东紫（营）"和"西紫（营）"并峙的形式,向我们清楚地展示出这两个星宿最初得名的缘由,应是以营壁的形象（两星间连线）来表示东西对峙的两座军营。

我们看与营室毗邻的虚、危二宿,"其南有众星,曰羽林天军,军西为垒,或曰钺。旁有一大星为北落。北落若微亡,军星动角益希,及五星犯北落,入军,军起,火、金、水尤甚。火、金（按,此'金'字依清张文虎《舒艺室随笔》卷四补）,军忧；水,军（按,此'军'字据上下文臆补,今中华书局新点校本据《汉书》及王念孙《读书杂志》补作'水',谬而不通）患；木、土军吉"。唐人张守节著《史记正义》,在垒星下注云："垒壁陈十二星,横列在营室南,天军之垣垒。"结合羽林天军和垒、北落这些与军兵相关的星官的位置,更显出"东紫（营）"和"西紫（营）"两宿最初乃得名于两座东西对峙的军营的合理性。

作为这两座军营的突出标志，就是军营前相对而立的两面壁垒，所以马王堆汉墓出土《五星占》分别用东壁和西壁来称呼这两个星宿。

另一方面，清人洪颐煊提到的"龟蛇四斿，以象营室"说法，说明营室一称显然可以兼指东西二营（紫）或东西二壁的组合；还有"定，昏中而正"的说法自然是指西壁"其体与东壁连正四方"。——本来东西对峙的两道营壁或是两所营房，在这些人的眼里变成了一座四面合围的"营室"。但像这样兼指东壁、西壁四星的称谓方式，只能用于一般叙事，做天文专业以外的描述，也就是说并不能用作二十八宿中一宿的名称。道理很简单，在专家层面，从来就没有这样的一宿。

谈到这一问题，还需要了解中国古代二十八宿的一项重要特征，这就是诸宿"距星"的选定。

所谓"距星"是在构成这一星宿的星体当中，选择一星，作为量度临近恒星与所经行日月五星的基点。前已述及，这也是划分十二辰和十二次的凭借。中国古代二十八宿诸宿的巨星，并不是选用其中最亮的那颗星，而是与天球对面另一宿的巨星大体在同一条直线上的那一颗星，即两两相互匹配成偶，在相差约 180 度的天球另一面相互眺望（竺可桢《二十八宿起源之时代与地点》）。夏鼐先生把这一特性称作"耦合"（夏鼐《从宣化辽墓的星图论二十八宿和黄道十二宫》）。

这样设置的缘由，是天文观测和巫卜占验中"冲"的需

要。所谓"冲"就是在天球背景下某星体与其对面相差 180 度
位置上的星象及其所司分野的对应关系。如《淮南子·天文训》
有记载云:"岁星之所居,五谷丰昌,其对为冲,岁乃有殃。
当居而不居,越而之他处,主死国亡。"这种"耦合"特性,
也决定了在天文观测中无法合用东西两壁构成的营室;同时它
还决定了中国的二十八宿理应一向如此,绝不可能存在奇数的
二十七宿。

　　不过随着以营室兼指东、西两壁用法的通行,在讲述

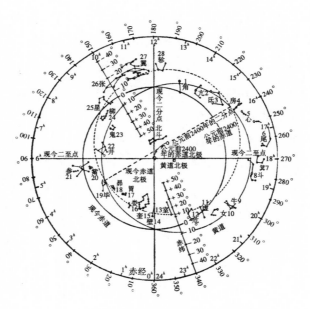

二十八宿诸宿距星图
（图中以空心小圆圈表示诸宿距星）
（据陈遵妫主编《中国天文学史》）

二十八宿的时候就出现了以营室代指西壁的用法，马王堆帛书《五星占》同时互用"营室"和"西壁"这新旧两种形式，显示出当时还处于交替过渡的阶段。

由于各自只有两星，孤立地观测东壁和西壁这两宿难免会有辨识的困难，当把两宿合成一"室"之后，其近乎方形的形态，辨认起来自然会大为容易——这应该是后来以营室代指西壁的主要原因。至于在找到这种四星"营室"之后，为什么会用它代指西壁而不是东壁，这与二十八宿的排列次序有关。

所谓二十八宿的排列次序，只要看一看东方七宿诸宿的名称就一清二楚了。前面第一节已经谈到，角、亢、氐、房、心、尾、箕七宿，其宿名都是大龙身体的一部分，而且从龙角到龙尾巴杪，次序井然——角的朝向，自然就是周天二十八宿的排列方向。

在前面的第一节和第四节都已经谈到，古人设置这包括青龙在内的四灵神兽的目的，首先是要用它来表征太阳视运动的轨迹，东方七宿由角到箕，作北天极俯视的逆时针运转，这是包括地球在内太阳系所有行星的行进方向。

依照这个方向，在东、西两壁间应该是先经西壁，再过东壁。正是由于这一先后次序，西壁便在表示一宿这一意义上独享了营室（或单称之为"室"宿）之名，后面的东壁就还是沿用故名。

澄清上述情况之后，我们就可以尝试对《史记·天官书》中"太岁在甲寅，镇星在东壁，故在营室"这几句话做出解释了。先言"太岁在甲寅",是因为据张汝舟先生研究,这个甲寅年是每76年一蔀的中国传统阴阳合历最初那一蔀启始的年份,也就是这种历法的起算点,亦称"历元"。《史记·历书》所载《历术甲子篇》,讲的就是这种一蔀之法,相当于这种阴阳合历的操作手册(张汝舟《中国古代天文历法表解》,见张氏文集《二毋室古代天文历法论丛》;又饶尚宽《春秋战国秦汉朔闰表》)。

《历术甲子篇》开篇云"太初元年,岁名'焉逢摄提格'",这"焉逢摄提格"是用岁阳、岁阴的名称来表示当时所处的干支(甲子)位置("焉逢"是处于甲位的岁阳,"摄提格"是处于寅位的岁阴)。所以"太岁在甲寅,镇星在东壁",是讲在这种历法体系中,在其首蔀开头的第一个年份启始之际——甲寅年正月的时候,镇星(也就是填星、土星)的位置是在东壁。那么,这个时候有什么天体"在营室"呢? 是日,也就是太阳,《吕氏春秋·十二纪》所载孟春之月的天象,就是"日在营室"——"故在营室"乃是"日在营室"的讹误。

不过这个"太岁在甲寅"的"太岁"也有舛错,它应该是"太阴"的讹误。这一点姑且留待下面第八节再详加论述。

现在我们再变换一个角度来看中国古代二十八宿的起源——这就是二十八宿的名称。二十八宿的基本分布形式,是在东南西北四方各配七宿。前面第一节里已经谈到,龙、鸟、虎、鹿这四种灵兽似乎是为了更加简明直观地表述四方七宿而设置的,所以这四种灵兽躯体中的某一部分还同各方星宿的构形存在着特定的对应关系；特别是东方的角、亢、氐、房、心、尾、箕七宿无论哪一宿的名称，都清楚标示着龙身的特定部分，如角是龙角，亢是龙喉，氐是龙颈根，等等。

这种情况可以告诉我们两点重要情况：第一，四灵产生在先，二十八宿是次于其后才出现的，所以才会至少在四方诸宿中设定一宿的名称为其所属灵兽的某部分躯体。我在前文讲，"似乎"是为了更为简明直观地表示四方诸宿，人们才选定了青龙、朱雀、白虎、黄鹿这四种动物，但"似乎"也许似是而非。现在看起来，真实的情况是恰恰相反。第二，前面第一节里已经谈到，西水坡遗址中的青龙、朱雀、白虎、黄鹿四灵分别标志着太阳周年视运动过程中春、夏、秋、冬四时，如果把这四时转换成太阳在天球背景下所做视运动的四个阶段，那么也就必然在天球背景上要有特定的星官（星座）与之对应，而且仅仅有四个坐标点是很不够的，需要更细密的观测基点，这样才能更好地观测太阳视运动的轨迹。二十八宿就是为满足这种需求而在四灵基础上设定的一组星官（星座）。

当然，在天赤道带的四方各自设置多少个星官（星座），并没有严格的天文要求，一面设七个可以，设八个（这样就总共三十二宿）或设六个（这样就总共二十四宿，还便于同二十四气相对应）呢，我想也都可以。古人最后选定的数目是七，应该与北斗七星的数目有关，而人们之所以看重这个数目，是因为"斗为帝车"，天极太一也就是天帝坐在斗魁里"运于中央，临制四乡，分阴阳，建四时，均五行，移节度，定诸纪，皆系于斗"。由于天极太一是隐身的，人们只能对着斗魁想象这个上帝的身影，这七颗星也就宛若它的替身一样。前面第二节谈到，"七"字早期的写法与表示天极的"＋"形符号完全相同，也应出自同样的认识。基于此，古昔先人就按照北斗七星的数目在四方天空中设定了等量的天宿。在我看来，这就是二十八宿的来历。

七　太阳历的岁首与太初历的历元

　　至于"太岁在甲寅"的"太岁"，时下的通说一般是把它解释为一个与岁星做反向运动的假想天体。不过"太岁"的本义究竟是指什么，情况并不那么简单，把太岁视为与岁星相对的假想天体，这在很大程度上依据的是清人王引之的看法，然而王引之的看法却未必合理。这涉及一个相当复杂的中国古代天文学史问题，需要从头说起。

　　首先，在上一节里我已经谈到，《史记·天官书》在讲述填星运行状况时提到"太岁在甲寅"云云，是缘于甲寅之年是76年一蔀的中国传统阴阳合历最初起算的那个年份，《史记·历书》当中的《历术甲子篇》，就是对这种一蔀之法的完整表述。所以，我们需要结合《历术甲子篇》来理解《天官书》此语的含义。

　　前已述及，《历术甲子篇》开篇述曰"太初元年，岁名'焉逢摄提格'"，这"焉逢摄提格"是用岁阳、岁阴的名称来表示这个年份正值甲寅年。那么，这个"太初元年"的"太初"是什么意思呢？古往今来，很多学者都把它看作是作为汉武帝年号的那个"太初"。然而事实绝非如此。

这首先需要明确，我反复讲说的 76 年一蔀的中国传统阴阳合历最初起算的那个年份，按照张汝舟等人的研究，是在周考王十四年，时值公元前 427 年（张汝舟《中国古代天文历法表解》，见张氏文集《二毋室古代天文历法论丛》；又饶尚宽《春秋战国秦汉朔闰表》）。这时正处于战国初期。理所当然，这一年处于干支纪年体系当中的甲寅年。

在这种情况下，《历术甲子篇》仍开篇即云：

> 太初元年，岁名'焉逢摄提格'，月名'毕聚'，日得甲子，夜半朔旦冬至。

这个"太初元年"又是什么意思呢？

首先我们需要了解这篇《历术甲子篇》是写在哪里——它写在《史记·历书》的篇末。《历术甲子篇》写完了，《历书》也就结束了，在《历术甲子篇》的篇末并没有对前面的"太初"做出任何说明。

不过传世的《史记》在《历术甲子篇》中每个年份的下面，都记有西汉诸帝的年号纪年，从武帝太初元年（"焉逢摄提格太初元年"），到成帝建始四年（"祝犁大荒落〔建始〕四年"）。在清人姚文田和张汝舟研究的基础上（姚文田《邃雅堂集》卷三《史记历书考》上；张汝舟《〈历术甲子篇〉浅释》，见张氏文集《二毋室古代天文历法论丛》），敝人复稍加考索，推测从太初元年以下这些纪年标识，俱属后人妄自添附，具体时间最有可能是在刘宋裴骃《史记集解》成书之后至唐司马贞《史记索隐》撰著之前这一时段之内（见拙著《〈史记〉新本校勘》）。

其次再看在载录这篇《历术甲子篇》之前，今本《史记·历书》在汉武帝发布改元诏书，宣布"其更以七年为太初元年"句下，述曰"岁名'焉逢摄提格'，月名'毕聚'，日得甲子，夜半朔旦冬至"。今中华书局新点校本把这些话都视作武帝诏书的内容，其实是明显的衍文，即浅学无知者在阅读《史记》的过程中，抄录、标记了下面《历术甲子篇》开头的话，后来在传写过程中误入正文。并不能依据这段衍文来判定太初元年的干支，也不宜据此判断《历术甲子篇》开篇那个"太初元年"的性质。

《历术甲子篇》文内第一个年份"焉逢摄提格"后缀的"太初元年"字样应属后人添加，那么，其开篇所题"太初元年，岁名'焉逢摄提格'"云云，这个"太初"是不是司马迁原文呢？答案是肯定的，这个"太初"确属太史公所书。

我这样想的原因，是《历术甲子篇》中的"太初"年号纪年既与汉武帝太初时期的实际纪年干支不符，且出自后人添附，那么，汉武帝选用"太初"作为他的第一个年号，就应该是本自《历术甲子篇》中这"太初"二字了。

汉武帝始定以年号标记过往六年一改元的纪年，选用的年号，都要取自某种"天瑞"（见拙著《建元与改元》上篇《重谈中国古代以年号纪年的启用时间》）。基于这一先行基础，当汉武帝要在现实生活中行用年号纪年制度的时候，很自然地会考虑取用某种"天瑞"。在我看来，"太初"就应该是他取自《历术甲子篇》的一种"天瑞"。

"太初元年，岁名'焉逢摄提格'里的"太初"，指的是这种历法——也就是所谓太初历的起算点。

通观上古时期天文历法术语中的"太某"称谓，大致可以归纳出如下两个方面的特性：一是神秘，即基本上都是指那些说不清道不明的东西；二是指具有极限或无穷含义的物体。前面谈到太一是这样（《吕氏春秋·十二纪》之《仲夏纪·大乐》论道，谓之曰："道也者，视之不见，听之不闻，不可为状。有知不见之见，不闻之闻，无状之状者，则几于知之矣。道也者，至精也，不可为形，不可为名，强为之，谓之太一。"此语清楚体现了"太"字上述两重特性），天亡簋铭文中的太室也是这样，现在讲的太初还是这样，下面将会叙说的太岁和太阴同样是这样。

在《历术甲子篇》这套历法体系中，"太初"是最早的原点，同时也是个看不见、摸不着、抓不住的神秘存在。其实也正因为这样，这个"太初"之年才会显得极为重要——后来的所有年月都是由此推衍出来的。正因为如此，太史公才会把这种太初历称作"天历"（《史记·太史公自序》）。"天历"当然出自上天。在包括汉武帝刘彻在内的世人眼中，如此神秘莫测的"太初"之点，无疑出自天帝的设置，因而也自然属于一大"天瑞"。

众所周知，所谓"太初改制"是西汉政治史甚至整个中国古代政治生活中的一件大事——它标志着秦始皇建立的暴政体制经过很长一段时间的调整之后最终确立下来，即经历了秦朝暴政体制的建立到汉武帝太初改元这一过程，才全面结束列国纷争的战国时代，进入天下一统的郡县帝国时期。

与各种体制、机制的改变和确立相伴随，汉武帝对历法制度也做了重大改变。在这方面，最突出的改变，就是重新把每一年的开始时间定在正月初一，即以正月为岁首。对于现代中国民众来说，正月初一一过大年，这似乎是天经地义的事情。

自古以来的史事除了不断的变化之外，在其初始阶段往往还颇为模糊不清。关于古代的天文历法，中国史籍中一直流传着一种夏商周三代"三正"迭相为用的说法，即谓夏人建寅、商人建丑、周人建子。按照这种说法，夏朝的正月开始于十二辰的寅位（这就是所谓"寅正"），商朝开始于丑位（这就是所谓"丑正"），周朝则开始于子位（这就是所谓"子正"）。这寅、丑、子三个辰位，分别对应着天文月的正月、十二月和十一月。至于中国阴阳混合年中的朔望月，实际上是根本无法与十二辰位相对应的。道理很简单，十二辰是对太阳视运动周期的十二等分，而不管是平年的十二个月，还是闰年的十三个月，其长度都同太阳视运动的一个周期不等，前者短，后者长，二者根本无法匹配。

讨论这些问题，首先涉及的是当时的历法状况。夏朝的情况，实在太过模糊，其历法状况，根本无从谈起，按照时下的通说，俱以为商朝行用的就是后来所知的阴阳混合历。在前面的第一节里我已经谈到，按照我的初步看法，夏、商两朝的历法都应该是纯粹的太阳历，从西周时起，中国才开始采用阴阳合历。

其次是所谓夏商周三朝"三正"更替为用的说法，在传世文献记载和古代卜筮记录、钟鼎铭文所体现的用历实况中，都找不到明确的证据；甚至在某些方面还清楚地体现出否定的迹象。假如姑且抛开对事实真相的讨论而去看待古人的认识的话，我们可以看到，古代也颇有一些学者并不认同"三正"叠用的说法，而认为自古以来的历法就一直是所谓寅正，即以正月为岁首（宋胡安国《春秋胡氏传》；清方中履《古今释疑》卷一三"春王正月"条）。

基于上述认识，窃以为自西周行用阴阳混合历以后，目前我们能够清楚认定的情况是，最初的阴阳混合历就应该是以寅位的正月为岁首，亦即建寅。需要指出的是，这里所说寅位与正月的对应，只能是岁首的大致对应。因为十二辰位同十二月的严格对应，只能是天文月，而不会是朔望月。

在此基础上，我们再去看汉武帝太初改制之前的情况。在汉武帝太初改制之前，西汉王朝一直沿用秦朝的历法，即把岁首定在亥位的十月，也就是所谓建亥。

秦人行用这种历法体制，最早可以追溯到秦昭襄王十九年。那一年十月，秦昭襄王与齐愍王一度并称西帝、东帝，秦国为体现膺受帝命而把岁首从正月改到了十月。这样的历法，一直持续到秦庄襄王末年。庄襄王去世之后，赵正即位，成为新一代秦国君主，而当时他年纪尚幼，便由生身之父吕不韦代持朝政。主张法天地而"为民父母"的吕不韦，按照自己的治国理念，为更好地遵循天道，就又把岁首改回了正月。再后来，至秦始皇二十六年赵正以血腥的武力兼并天下之后，故技重施，再一次改用建亥的历法（见拙文《秦以十月为岁首的开始时间》，收入拙著《史记新发现》）。

秦始皇改以十月为岁首，是与他的"水德之治"相匹配的。与此相应，汉武帝的太初改制，也不仅把岁首改回了正月，同时还改水德为土德，更换了一个全新的德运，其政治象征意义，不言而喻。

在上述背景下审视这次太初改历，就不难发现，除了历法技术方面的原因之外，汉武帝把岁首从十月改回正月，恢复战国前期以来阴阳混合历的原貌，应是要摆出顺承天意的姿态。了解这些情况之后再看《历术甲子篇》中"太初元年，岁名'焉逢摄提格'"的说法，自宜看出这神秘莫测的"太初"二字正寄寓着高远玄秘的天意，汉武帝恢复古历原貌并把这"太初"二字移用过来做年号，当然是把它看作一种吉祥天瑞。

论说至此，需要附带强调一下：单纯就太初历与太初年号之间的关系而言，是先有太初历，后有太初年——先有太初之历，后有太初纪年；正是因为行用了原始面貌的太初历，才随之改元太初。不过从年号纪年制度的起源这一角度来看，中国历史上第一个实际应用的年号被选作"太初"，在字面上也很好地体现了这一年号的初始意义。

现在，一个有意思的问题，摆在我们的面前：为什么这种太初历的历元选在甲寅之年而不是六十干支起首的"甲子"？这个"甲寅"之"寅"同太初历把每年的起首之时，也就是所谓"月建"定在"寅月"（即正月）是不是具有某种联系？

需要说明的是，这种历元虽然需要选择特定的天文时刻，但并不是附着于特定的干支，譬如"甲寅"的。从理论上来讲，如果制历者想把历元定在甲寅年，我想应是完全可以的。只要多推算几个轮回，总是能够找到适宜的天文时节的。

思索这个问题，首先要区分开天文与历法。这里所说的"天文"是指人们对天体和天空的观察与认识，还有随之而后对这种观察与认识结果的记录，而"历法"则是指人类根据已经认知的天文现象来编制社会生活应用的时间规则。

人们观天看天，最容易看到的天体变化，就是地球自转造成的周天星宿的周期旋转。这一个自转周期，就是一昼夜，也就是一日。前面第三节已经谈到，甲、乙、丙、丁、戊、己、庚、辛、壬、癸这十天干，很可能最初就是用于表述周天星宿这一运转周期的各个不同阶段。

观天看天，还很自然地、也很容易地会发现由地球公转所带来的天象变化。前面第一节中我已经谈到，这就是一岁。"岁"既可以用作天文概念，也可以用作历法概念。作为天文概念，"岁"是地球公转的一个周期。毋庸赘言，这正是太阳视运动的一个周期。作为历法概念，"岁"则意味着一个完整的太阳年。

这一个太阳年，可以等分为十二个天文月。在前面第四节中已经谈到，十二辰的设置，就是为了体现这十二天文月的起讫点；同时，不管是十二辰的设置，还是十二天文月的划分，都是对太阳视运动轨迹的切分。前面还谈到，从更深一层的意义上看，这也可以说是对天极太一岁行周期的阶段划分。

那么，我为什么这样说呢？在辽宁朝阳牛河梁5000多年前红山文化遗址中出土的玉猪龙，各方面议论纷纷，似乎都未能

辽宁朝阳牛河梁红山文化遗址出土玉猪龙

窥破其真实面目。在我看来，其中的关键，是未能知悉猪在古代天文观念中的重要地位——猪是天极也就是北极的表征。

在前面第二节里提到的河南巩义双槐树仰韶文化遗址出土的北斗七星造型中，正对着斗魁，除了前文讲过的鹿骨之外，在鹿骨与斗魁之间，比鹿骨更靠近斗魁处还摆放着一副猪的骸骨。与体现天赤道北部的黄鹿不同，这副猪的骨架，体现的乃是天穹顶部的天极——北极。

为什么说这副猪的骨骸象征着天极呢？因为在前面第三节里我已经提到，《史记·天官书》记载说"斗为帝车"，坐在斗魁里的只能是天帝，而天帝也就是天极。

无独有偶，前面第二节里提到的距今约 7000 年的内蒙古

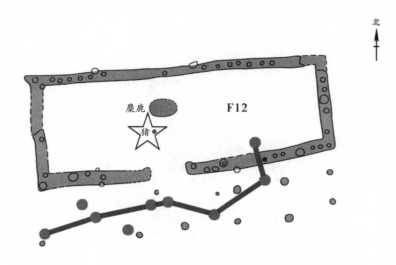

河南巩义双槐树仰韶文化遗址中的北斗七星图形与天顶的猪

敖汉旗小山赵宝沟文化遗址，在那件尊形陶器的器腹，除了刻画有分别象征天赤道南北两部的朱雀和黄鹿之外，在鹿与雀之间，还刻画有一头暴突獠牙的野猪头，下面连接着龙身。在这样的匹配形式中，这个猪头象征的也只能是天极。

比这更早，同样是在内蒙古敖汉旗，距今 8000—7500 年前的兴隆沟兴隆洼文化遗址中，出土了两条用石块以及残石器和陶片堆塑而成的龙形神兽，而在这两条石龙的首部，却各自摆放着一个野猪的头骨。参证敖汉旗小山遗址、牛河梁遗址、双槐树遗址等各项猪的寓意，我想有理由推断，这两个野猪龙首同样体现的是天极。

与敖汉旗毗邻的辽宁阜新，在距今 8000 年前的查海兴隆洼文化遗址中，于聚落中部发现了一条用石块堆塑而成的"巨龙"，龙身竟长达 19.7 米。考古工作者"推测它可能是查海聚落中重要的宗教信仰崇拜祭祀性神祇"。同时，在这一遗址中

敖汉旗兴隆沟兴隆洼文化遗址出土的猪首石龙

阜新查海兴隆洼文化遗址中的石堆"巨龙"

还出土有大量野猪骸骨，其中包括很多随葬的野猪和明显属于祭祀用的野猪，考古发掘者以为"显示出当时人与猪的特殊关系，……可能与当时先民的特殊意识形态（原始宗教）有关"。（辽宁省文物考古研究所编著《查海新石器时代聚落遗址发掘报告》）。参照毗邻的敖汉旗兴隆沟遗址出土的猪首石龙，这个石堆巨龙同那些野猪之间理应存有同样的内在关系。

　　在安徽含山距今 5500 年上下的凌家滩遗址中，发现了一件长约 75 厘米，宽约 22 厘米，高约 38 厘米，重达 80 多公斤的玉猪。出土时这件玉猪是压覆在一座位置特别的大墓的

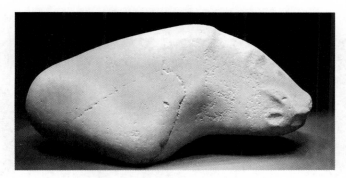

安徽含山凌家滩大墓顶部的玉猪

顶部，呈现出强烈的象征意义。结合前述情况，窃以为这件玉猪象征的乃是天极，也就是天帝，而它摆放的位置就象征着天顶。

有意思的是，在凌家滩遗址中还出土了一件两兽一鸟合体的玉雕，在这个合体鸟兽的中央，是一个刻在圆环之内的八角形图案。如前面第五节所述，这个八角形图案，是天极的象征。因而结合这一八角形图案，应该可以断定，那两只头各一方的玉兽，也是象征着天极的野猪。

与此相似的是，在距今 4000 年至 3500 年前的内蒙古敖汉旗城子山夏家店下层文化祭祀遗址南区南侧外围主墙中部，发现了一个石雕猪首形象。猪首朝向正南方，背对祭祀区的中心。整个猪首造型长 9.3 米，吻部宽 2.1 米，额头宽 7.5 米，额头顶部距地面高达 5 米。这个猪首雕像，同样也应该是天极的象征。

至于古人为什么用猪来象征北极（起初应是野猪，所谓

安徽含山凌家滩遗址出土合体鸟兽

敖汉旗城子山遗址石雕猪首

"豕突狼奔"显然用的是将其作为野猪的本义，兴隆沟遗址出土的石龙，就是用野猪作为龙首），"史阙有间"，现在我们已经没有办法做出清楚的说明了。不过《周髀算经》述云"天圆地方，……笠以写天。天青黑，地黄赤。天数之为笠也，青黑为表"，讲的就是所谓"天玄地黄"。天既然是以青黑为特征，那么猪身上暗黑的毛色以及它的夜行性正与之相应。另外，野猪还是一种相当凶猛的动物（东北人讲凶猛的野兽，有"一猪二熊三老虎"的说法，足见其被人惧怕的程度。因而若对野猪这种生性做拟人化的表述，自然可以谓之曰勇武），也并不会辱没天帝的身份和地位。

关于古人把野猪作为天极的象征，在这里我再附带谈三点由此引发的还很不成熟的想法。

其一是浙江余姚河姆渡文化遗址中陶钵上的猪。第一，这是典型的野猪造型。第二，这头猪身上刻有一个圆形图案。参照上面的论述，我认为这个猪的造型，体现的也应该是天极，那个圆形图案就是天极太一的具体体现。

其二是前述凌家滩遗址中出土的猪、鸟合体图形，既然猪是天极的象征，那么那只鸟的造型（论者或谓之鹰）也应该体现着同样的寓意。

由此引申，良渚文化玉器上那个著名的神兽，即所谓良渚"神徽"的造型，犹如一个神人的身子连在一个长爪飞鸟背上，即飞鸟驮着神人。这样解读，似乎也在常情常理之内，并不显得特别怪异。然而，怪异的是下面那只神鸟的嘴，考古工

浙江余姚河姆渡文化遗址出土的野猪图案陶钵

良渚"神徽"

石家河遗址出土玉雕神兽

作者解读为口露獠牙，什么鸟也不会长獠牙，常见动物中獠牙
突出的只有野猪。因而不能不让我怀疑这个鸟爪和野猪嘴的合
体，实际上同凌家滩遗址中的猪、鸟合体图形一样，也是象征
天极，而连在其后背上的那个神人，则是天帝形象的拟人化体
现。若是考虑到在沟通天地的玉琮上面所镌刻的这种"神徽"，
我想这样的解读或许会更显合理。

其三是湖北天门石家河遗址出土的玉雕獠牙神兽。还是上
面谈到的想法，由于獠牙是野猪的突出特征，窃以为这种玉人
造型，体现的也应该是天帝。在湖南黔阳高庙一处新石器时代
遗址出土的一个白陶罐上，有一个类似的獠牙兽面，两旁有双
翼展开。在这个兽面图案两侧，各有一座楼阁建筑，内有梯子

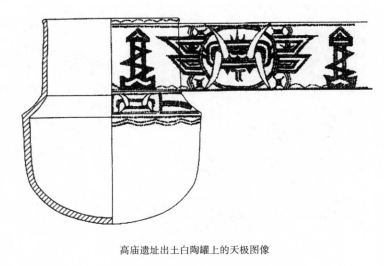

高庙遗址出土白陶罐上的天极图像

盘旋而上（湖南省文物考古研究所《湖南黔阳高庙遗址发掘简报》，刊《文物》2000 年第 4 期）。

整体解读这只白陶罐上的画面，我理解，这两座楼阁建筑中的梯子，是象征着登天的天梯，而两座楼阁中间的那个有翼兽面，如同凌家滩遗址出土的猪、鸟合体图形一样，也是猪、鸟的合体，也是天极的象征。由此反观石家河遗址出土的玉雕獠牙神兽，或许能够进一步体现它的天帝性质。

上面这三点思索虽然还很初步，有很多问题还需要具体探究，但在早期文化遗址中类似的图形还有很多，假如我的想法具有一定合理性，循此思路，深入下去，或许会帮助我们破解许多早期文明的问题。

　　现在让我们回到论述的主题——明了猪具有这样的象征意义，我们就好理解牛河梁遗址出土的玉猪龙了。

　　《史记·天官书》载春、夏、秋、冬四时的开始时间，乃谓"立春日，四时之始也"，而与春时对应的天象，是二十八宿中的东方青龙七宿。前面第一节所述濮阳西水坡遗址 B2 贝壳堆塑中龙头上的石斧和龙嘴前的椭圆形标记，也都是在展示龙首为四时之始的意向。又《淮南子·天文训》谓"帝张四维，运之以斗，月徙一辰，复反其所。正月指寅，十二月指丑。一岁而匝，终而复始"。如前面第五节《四时十二月示意图》所示，这指寅的正月，也就是开始于立春之日的"孟春之月"；接下来指卯的二月，即"仲春之月"；指辰的三月，即"季春之月"。这三个月合在一起就是春时的全部过程。故《淮南子》这一记载，适可与《史记·天官书》记述的情况相互印证。在这种情况下，春时的运行，也就犹如天上的青龙在相对于大地移动。

　　更进一步看，龙不仅是东方星空的灵兽，古人也可以单独用它来兼表东、南、西、北四灵。虽然完整的四灵神兽是青龙、朱雀、白虎和黄鹿（后衍化为玄武），但也可以省略其中一项或几项，体现同样的象征意义。

　　其省略一项者，如曾侯乙墓漆箱只绘有青龙、白虎、黄鹿三灵，略去了南方的朱雀。更多的是省略南方的朱雀和北方的黄鹿（或后来的玄武），只有青龙、白虎，例如前面第一节提到的濮阳西水坡遗址出土的青龙、白虎贝壳造型。

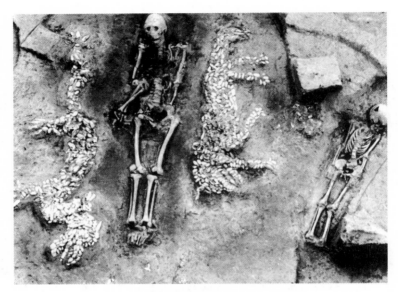

西水坡B1遗址中的青龙、白虎二灵图形照片
（据南海森主编《濮阳西水坡》）

在此基础上更进一步简化，就是只用东方春时始发的青龙
来兼表四方四灵。在这方面，山西襄汾陶寺遗址出土的彩绘龙
盘和河南偃师二里头遗址出土的绿松石龙都是最突出的代表。

不过在古人的观念中，青龙以及白虎等四灵，只是天帝贴
身的"随护"而已；或者更准确地说，它们只是"天帝"的分
身。早在前面第三节我已经谈到，在曾侯乙墓出土漆箱绘制的
星空图像上，被二十八宿环绕于中央的那个"斗"字，于斗魁
之中画有一个象征天极的"＋"形符号，而《史记·天官书》
所述"斗为帝车，运于中央，临制四乡。分阴阳，建四时"的

山西襄汾陶寺遗址出土的彩绘龙盘

河南偃师二里头遗址出土的绿松石龙

情况告诉我们，端居于斗魁之中的只能是位在天极的天帝。前面第一节、第六节等处都已清楚讲过，青龙、白虎等四灵就是四时的体现。这样一来，依次周巡于四时之间的也只能是天帝，而不会是青龙或其他四灵中的任何一个灵兽。

正因为如此，我们才会在贾谊的《惜誓》赋里看到这样的句子：

> 惜余年老而日衰兮，岁忽忽而不反；
> 登苍天而高举兮，历众山而日远。
> 观江河之纡曲兮，离四海之沾濡；
> 攀北极而一息兮，吸沆瀣以充虚。
> 飞朱鸟使先驱兮，驾太一之象舆；
> 苍龙蚴虬于左骖兮，白虎骋而为右骓。
> 建日月以为盖兮，载玉女于后车；
> 驰骛于杳冥之中兮，休息乎昆仑之墟。
>
> （朱熹《楚辞集注》卷八《续离骚》）

这里贾谊思欲"攀北极"而"驾太一之象舆"，显然是想要像天帝一样乘坐在北斗七星这辆乘舆之上（所谓"象舆"云者不过是有图像装饰的乘舆而已，而不是大象拉的车子），周游于天道，在这辆天车的前面做开路先驱的是"朱鸟"，同时又左骖"苍龙"，右骓"白虎"，虽然没有提到尾随其后的"黄鹿"或"玄武"，但显而易见这是在讲四灵随护于其前后左右的情形——这正是天帝太一出巡的场景。贾谊所说随护于天帝周围的四灵，其实际背景是太阳视运动的春、夏、秋、冬四大阶段，而天帝巡行的这四个阶段是始于苍龙所象征的春时。

揭明这一情况之后，我们也就很容易理解查海遗址出土的猪首石龙和牛河梁遗址出土的玉猪龙了，它们体现的就应该是天帝巡行于象征着春、夏、秋、冬四时的青龙、朱雀、白虎以及黄鹿（或后来的玄武）这四灵之间的情形。前面第二节谈到的敖汉旗小山遗址出土陶尊上刻画的四灵神兽，以头首连接龙身，体现的也应该是同样意旨。

青龙、朱雀、白虎以及黄鹿（或后来的玄武）这四灵的方位配置形式乃青龙居于东方，由此又衍生出东方之帝青帝，这也就是本文开头“引子”里提到的上天的青帝。基于这样的认识，我们再来看屈原《九歌》中的《东皇太一》那一篇章。

“东皇太一”的“东皇”乃犹如“东帝”。盖帝者君主也，皇亦君主。《楚辞·远游》有句云“遇蓐收乎西皇”，《吕氏春秋·十二纪》及《左传》昭公二十九年所记五行贵神，蓐收系主西方之神，朱熹注《楚辞》以为“西方庚辛，其帝少皓，其神蓐收，西皇即少昊也”（朱熹《楚辞集注》卷五），亦即西皇乃西方之帝，故所谓“东皇”亦应义同“东帝”。

《东皇太一》歌中吟云：“吉日兮辰良，穆将愉兮上皇。”所谓“上皇”，犹言“上帝”，也就是天帝太一。西汉刘向《九叹·愿思》有句云“情慨慨而长怀兮，信上皇而质正”，东汉王逸即注云：“上皇，上帝也。”（王逸《楚辞章句》卷一六）

《九歌》中紧接在《东皇太一》之后那一篇《云中君》复有句云:"謇将憺兮寿宫,与日月兮齐光。龙驾兮帝服,聊翱游兮周章",这"龙驾帝服",描述的也应该是乘龙的天帝太一在云中"翔游"的景象。

所以,"东皇太一"的"东皇"指的应是天帝座前的"龙驾","太一"则是以猪作为象征的天帝。简单地说,"东皇太一"的形象,体现的就是查海遗址出土的那种猪首石龙和牛河梁遗址出土的那种玉猪龙。

不过需要说明的是,猪或者更准确地说是野猪,它只是天帝最初的象征物,而天帝并非仅以猪的形象现身于世。譬如前面第三节里举述的东汉画像石上坐在斗车里的天帝(图见下文第十节),就完全是一个正常的人的样子。前面第二节列举的马王堆汉墓出土帛画上部的画面,被青龙、朱雀、白虎和黄鹿(已转化为神兽麒麟)四灵环绕在中心的那个怪脸奇形神人(马王堆汉墓出土帛画下部顶上那个飞翔的神兽,性质很可能也与之相同),还有前面第三节提到的长沙马王堆汉墓出土帛画上的另一太一神像,都应该是天极太一的另类形象。再有前面第一节讲到的河南濮阳西水坡遗址 B3 贝壳图案中的龙、虎二兽,龙身上骑坐着一个人,我理解,这个人形贝壳图案体现的也应该是出行的天极太一。

其实不仅天帝如此,中国上古史传说中神圣君主舜帝,在巡阅天下四岳时,遵循的便是同样的起讫路径。

《尚书·尧典》记载帝舜依次抵达东、南、西、北四岳的

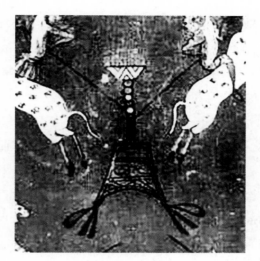

马王堆汉墓帛画上部的天极太一形象

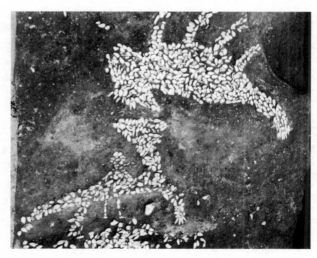

西水坡B3遗址中的龙、虎二灵图形照片
（据南海森主编《濮阳西水坡》）

时间，分别为岁二月、岁五月、岁八月和岁十一月这四个月份。郑玄注释说"岁二月"乃是"正岁建卯之月"，实际上也就是春分之月，接下来的五月、八月和十一月，对应的则是夏至之月、秋分之月和冬至之月。

观《尧典》于"岁二月，东巡守，至于岱宗（即东岳泰山）"之下乃谓"协时月正日，同律度量衡"，而《吕氏春秋·十二纪》之《仲春季·仲春》记云仲春之月"日夜分，则同度量，钧衡石，角斗桶，正权概"。"日夜分"之时即春分之日，可知帝舜于二月东巡东岳，赶的就是春分这个时点，这个春分所在的"二月"也只能是太阳年中的仲春之月，而不会是阴阳混合年中的第二个月。这一点，我们结合《尧典》上文讲述的四仲月中星可以看得更为清楚。

特别值得一提的是，《尧典》对仲春之月南天中星的叙述是："寅（夤）宾出日，平秩东作。日中星鸟，以殷仲春。"东汉大儒郑玄解释说，"寅（夤）宾出日"一语的核心内涵，乃"谓春分朝日"（参见清段玉裁《古文尚书撰异》卷一上）。《尚书》同一篇内这前后两项同天文相关的叙事，理应具有内在关联。因而这可以从一个侧面进一步证实帝舜巡游四岳的时间，是特地设置在二分二至这四个天文节点上。

只有揭示出春、夏、秋、冬四时循环的太阳视运动在古人眼中乃是天极太一的移行这一情况，我们才能清楚地理解中国古代的天球坐标体系为什么是天赤道而没有像古希腊那样建立黄道坐标体系——天赤道面是垂直于天极、也就是北极的，而黄道同天赤道之间并没有必然的联系，更没有这样的对应关系。这种情况更进一步显示出中国古代的天文历法体系是以天极为最重要的核心的。

此外，还必须清楚指出的是：太阳年仲春之月前面的那个孟春之月，正值十二辰的寅位，也就是处在寅月的位置上，而这个月份的启始点乃是立春之日。《尧典》记述帝舜在东岳岱宗（泰山）"望秩于山川"之后，乃"肆觐东后"。皇者君主，后亦君主，这"东后"也就相当于《东皇太一》中的"东皇"，二者之间相通相合的情况是显而易见的。

在讲了这么多看似冗沓支离的内容之后，我们就可以带着一种清晰的眼光回到上文所讲的"岁"字的内涵上来，即"岁"在用作天文概念的同时也还被用作历法概念，作为历法概念的"岁"乃意味着一个太阳年的完整历程，而这个完整过程亦即岁行周期是从孟春之月开始的。如前所述，如果用十二辰位来表述一个太阳年内十二个天文月的话，这个孟春之月，便是寅月。

上述情况清楚地告诉我们，寅月是中国"自古以来"的太阳历在一岁开头的启始之月，也就是岁首。我在前面第一节里谈到的《吕氏春秋·十二纪》《礼记·月令》《淮南子·时则训》所记太阳历也是这样启始于十二天文月的寅月。继此之后，西晋人司马彪在《续汉书·律历志》里也讲述说："日周于天，一寒一暑，四时备成，万物毕改。摄提迁次，青龙移辰，谓之岁。"这里的"青龙移辰"是讲一岁之初，始自"青龙"的游移，而这"青龙"首先是天赤道带上东方的灵兽，它也标志着十二天文月的孟春、仲春、季春三月，故"青龙移辰"云云也就像是说"东皇太一"从孟春之月，亦即寅月开始了它的一岁之旅；又"摄提"即在前面第六节里谈到的"摄提格"，是处于寅位的岁阴名，故"摄提迁次"云云也是在讲启始于寅月的太阳年。这一说法，更清楚地体现了这一天文历法传统的强劲影响。

　　了解这一背景之后，我们就很容易理解，太初历把"月建"定在"寅月"显然是在沿承上古以来太阳历的传统。如此悠久而又强劲的历法成规，足以影响太初历的编制者将其历元也设在寅年，这样自然会在形式上增强这种历法的神秘性和合理性。

八　太岁与太阴

在认识到太初历把历元设置在甲寅年的缘由之后，顺着合理的逻辑次序来思索，一个很简单的问题自然而然地就会涌现出来：既然历法上的首年亦即所谓历元要设在寅年，那么，为什么不把这一年记作子年？换一个说法，就是历元若是从甲子年开始，岂不更加自然也更加合乎一般的情理？

要想更好地探讨这一问题，我想首先需要接着上一节提起的问题，把天文和历法进一步区分开来做分析。在谈到中国古代天文历法的问题时，天文与历法在很多情况下都是相提并论的，几乎密不可分。然而就其本质性特征而言，人们是依据对相关天文现象的认识来制定历法。也就是说，天文是客观存在的自然现象（尽管古人对相关天象的认识不一定都很正确，甚至完全不符合现代天文观念），而历法是人为制作的。

阐明天文与历法之间这一关系之后，自然而然地就会理解古人的天文历法知识，必定开始于观测并且记录、表述天象。

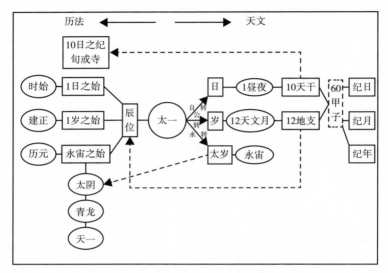

中国古代基本天文、历法观念示意图

前文已经谈到，按照我的理解，天极太一在中国古代天文历法体系中占据着核心的地位。

基于这样的认识，古人是把地球的自转理解为太一的周期移行，它运行的一个周期是一日，也就是 1 次昼夜轮回。

东汉人班固在解释"日月星之名"时，称"日之为言实也，常满为节"，而星之"所以名之为星何？星者，精也，据日节言也。一日一夜，适行一度。一日，夜为一日剩，复分天为三十六度。周天三百六十五度四分之一"（班固《白虎通·日月》）。班氏对这个"星"的理解未必符合其原始含义，不过他在这里用日之精这个概念来阐释的所谓"星"，实际上是以漫天星体的视觉变化周期来体现天极太一的运行周期，即所谓"日节"："一日一夜"为一昼夜，星体在一昼夜间转换一周就是一日。换句话来说，也就是这个"星"就等同于天极太一。它是日之精，所以体现着地球自转造成的太阳东升西落。

又，班固云"一日，夜为一日剩，复分天为三十六度"，是讲在一昼夜这个日之精的运行周期内，夜晚可以看作是白日剩余的部分，即一日夜可概称为一日。古人又把周天划分为三十六度，用以体现这一天体运行周期。

不过三十六度是一个划分方法，却不一定什么时候都要这样划分。按照我很初步也很不确定的推测，天干就是为表述这种昼夜轮回十个不同阶段而创制的 10 个符号。后来又由此衍生出表述十日的历法单位——"旬"或称为"寺"，并且成为最普遍的用法。前者传世文献中屡见不鲜，后者仅见于清华大学藏战国竹书《四寺》。《淮南子·天文训》云"数从甲子始，子母相求，……十日十二辰，周六十日"，这里所说的"十日"乃是天干，很好地体现了天干作为十日之长历法单位的意义。

同样基于对天极太一的重视，最初古人也把太阳的视运动周期也就是一个回归年看作太一在天赤道上的巡行周期。班固云"据日节言也。一日一夜，适行一度，……周天三百六十五度四分之一"，讲的就是这个周期。而《淮南子》中"四时者，天之吏也"这句话，更清楚地体现出太一的"真主"地位（《淮南子·天文训》）。这是因为《淮南子》讲的"天"，实际上就是太一。对此，《淮南子》甚至还更明确地讲道，太一出行，乃"四时为马、阴阳为御","经营四隅，还反于枢"（《淮南子·原道训》），已经很直接地表达了这层意思。

《周髀算经》下述记载，就很形象地向我们展示了古人这一观念：

> 欲知北极枢璇玑四极，常（当）以夏至夜半时北极南游所极；至冬至夜半时北游所极。冬至日加酉之时西游所极，日加卯之时东游所极，此北极璇玑四游。（《周髀算经》卷下）

这里所谓"北极枢"指的就是天极点。此论天极之"璇玑四游"而以夏、冬二至时刻为基本时点，实际体现的当然只能是太阳的周年视运动，而以北极的"璇玑四游"来表述太阳周年视运动亦即地球的公转，自然是把回归年看作是太一在天赤道上的巡行周期。

西晋张华《博物志》引纬书《考灵耀》曰："地有四游，冬至地上北而西三万里；夏至地下南而东三万里；春、秋二分其中矣。地恒动不止，譬如人在舟而坐，舟行而人不觉。"（《博物志》卷一）这段叙述告诉我们，古人实际上是有大地循环周游的意识的，《周髀算经》的"北极璇玑四游"，性质与之相同。

不过相对于浩渺的天穹星空，因地球公转导致的天北极周年运动，在天幕背景上的位移范围是十分微小的，甚至可以忽略不计，"璇玑"一语就是用来形容这种微小尺度内环绕运行的状况。"璿玑"又作"璇玑",《尚书大传》释之曰:"璇者还也,玑者几也,微也。其变微微,而所动者大,谓之璇玑。是故璇玑谓之北极。"(《太平御览》卷二九《时序部》引佚文)

又《周礼·春官·宗伯》"太史"条目下有郑玄注云"中数曰岁,朔数曰年",这个"岁"指的就是一个太阳年。在前面的第四节里我已经讲过,古人是用由十二地支符号所标志的十二辰位把这一岁分作 12 个天文月。按照我的初步推测,十二地支就是由此产生的。

上海博物馆收藏有一件二里头文化青铜钺,在它的表面有一圆环,其内环状排列有两圈用绿松石镶嵌的"十"字图案,外面一圈为十二个"十"字,里面一圈数量减半,为六

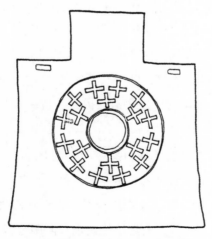

上海博物馆藏二里头文化青铜钺
(据冯时《天文考古学》)

个"十"字。冯时先生分别将其解作十二个朔望月和六甲之数（冯时《考古天文学》第三章《观象授时》），所说似略显含混。

首先必须明确，铜钺上"十"字图案，准确地讲，应该是"＋"形符号。外圈"＋"形符号所体现的一周十二个月，只能是天文月而绝不可能是朔望月，因为后者不能构成一个封闭的闭环。如前面第三节所述，"＋"形符号乃天极的象征，而铜钺本身具有切割"天道"以成一岁的历法意义。因此，这里是以十二个"＋"形符号表述一个太阳年的运行周期，正清楚地体现出古人是把太阳视运动的周年变化理解为天极太一的运行。

又如前面第五节所述，十二天文月本自十二律，而十二律分作阴阳各六，阳者称律，阴者名吕，而太史公云"王者制事立法，物度轨则，壹秉于六律，六律为万事根本焉"（《史记·律书》），所以铜钺内环的六个"＋"形符号，体现的就应该是这一层音律的内涵，即十二天文月的深层结构，此即周之乐官伶州鸠在论律时所说"平之以六，成于十二，天之道也"（《国语·周语》）。

在前面第五节的《四时十二月示意图》中，我们可以看到，冬至是在十二辰位的起始点上，也就是冬至处于子位，而冬至正是太阳年一岁的起讫点。西汉人董仲舒尝谓"天之道，终而复始。故北方者，天之所终始也，阴阳之所合别也。冬至之后，阴俛而西入，阳仰而东出，出入之处常相反也"（董仲舒《春秋繁露·阴阳终始》)。董氏复述之曰:"天之道,初薄大冬,阴阳各从一方来,而移于后。阴由东方来西,阳由西方来东,至于中冬之月,相遇北方,合而为一,谓之曰至。"(董仲舒《春秋繁露·阴阳出入》)他所阐述的其实就是所谓天道运行同这个天文节点的关系。

接下来让我们回过头来再去看一看濮阳西水坡遗址出土的那组四灵造型的贝壳。在前面第一节里解析这一造型的天文含义时我已经谈到,那个蜘蛛的造型,体现的是蜘蛛织出的蛛网,而蛛网象征着太阳视运动的轨迹。谈到这一点,我们还要知道,蛛网不只一道纬线,而是由很多道纬线和经线构成的经纬网。在古人的观念里,蛛网上这一道道纬线,也可以体现太阳在循环无尽的视运动过程中所走过的一条条轨迹。

体现太阳视运动无限循环状况的蛛网

太阳视运动的真实轨迹，当然只有一条，即每一道蛛网的半径虽然不同，却都是同样的 360 度圆周，在一个周期之内都走过了同样的角度。其情形可图示如下：

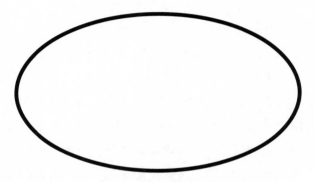

太阳视运动循环轨迹示意图

可这条轨迹，若是不加切割，就会永远不停地持续转动下去。不过这不是直线式的持续，而是同样的一圈圈圆形轨迹的重复。其每重复一次，就又经历了一岁，所以无限持续的旋转就意味着过了一岁又一岁，无始无终、无穷无尽地轮回。

我理解，作为一种天文现象，古人就把这个无限循环运动着的虚拟天体称作"太岁"，而我给这种太岁运转所体现的时间长度杜撰一个称谓——这就是"永宙"。之所以做这样的杜撰，是因为古人没有留下相应的文献记载，而这样的时间长度又是实实在在客观存在的，没有个专门的称谓，不便展开下面的论述。同时只有理解这样的观念，才能更为清楚地理解古人以"戉"切岁的意义。

　　众所周知，十天干和十二地支排列组合，就构成了六十甲子：

干支表

1	2	3	4	5	6	7	8	9	10
甲子	乙丑	丙寅	丁卯	戊辰	己巳	庚午	辛未	壬申	癸酉
11	12	13	14	15	16	17	18	19	20
甲戌	乙亥	丙子	丁丑	戊寅	己卯	庚辰	辛巳	壬午	癸未
21	22	23	24	25	26	27	28	29	30
甲申	乙酉	丙戌	丁亥	戊子	己丑	庚寅	辛卯	壬辰	癸巳
31	32	33	34	35	36	37	38	39	40
甲午	乙未	丙申	丁酉	戊戌	己亥	庚子	辛丑	壬寅	癸卯
41	42	43	44	45	46	47	48	49	50
甲辰	乙巳	丙午	丁未	戊申	己酉	庚戌	辛亥	壬子	癸丑
51	52	53	54	55	56	57	58	59	60
甲寅	乙卯	丙辰	丁巳	戊午	己未	庚申	辛酉	壬戌	癸亥

用这六十个干支，既可以纪日，也可以纪月，还可以纪年（纪月和纪年时也可以省略天干，只用地支，纪日也有只用天干或地支的情况）。尽管其实际运用状况比较复杂，比如纪年时会改用天干地支的别名即所谓岁阴（或称岁名，即十二地支）和岁阳（即十天干），像太岁在甲称阏逢（或称焉逢），在子称困敦等；纪月时也会改用月名（即十二地支）和月阳（即十天干），像陬（正月，实际对应于以十二地支标记的寅月）和毕（月在甲）等等（《尔雅·释天》）。同时，不难推想，按照正常的逻辑，不管是纪日、纪月，还是纪年，其启始的干支都只能是甲子。因为这只是在记录客观存在的天文现象。不然的话，六十甲子表为什么要开始于甲子？

129

在这些认识的基础上，人们才能人为地设置各种时间单位，并且制定历法。各种时间单位最关键的要素是其启始时间的问题。除了朔望月之外，表述各种启始时间，不管是日，是月，还是年岁，都是以十二地支标记的十二辰位做刻度。

首先，是一日之始。尽管在民间生活中人们常以日出之时作为新的一天开始的时刻，但比较专业严谨的做法，古人通常以一个特定的时辰作为两日之间的分界点，我把这个分界点称作"时始"——实际上古人通常是以夜半子时作为新一天的开端。

接下来是一月之始。朔望月的始点是每个月的朔日；天文月的始点则是立春、立夏、立秋、立冬这些天文节点，具体对应于子、丑、寅、卯等十二辰位的分界点。

至于一岁或一年之始则有两种，都涉及所谓"建正"的问题。

一种是太阳年的岁首，在上一节里我已经谈到，"自古以来"就是建寅，也就是开始于寅月启始的立春之日，董仲舒称之为"天端"（董仲舒《春秋繁露·正贯》）。

另一种是阴阳混合年的岁首，这说起来比较复杂，在上一节里我也讲述了自己很不成熟的看法，即倾向于认为西周初年最初行用的阴阳混合历就是以与寅位对应的正月为岁首。粗略地讲，古人也把这个岁首称作建寅。不过这里所说寅位与正月的对应，只能是大致对应。因为十二辰位同十二月的对应，严格地说，只能是天文月，而不会是朔望月。

十二辰位同朔望月的对应，其实只能是一种顾头不顾腚的联系，到了年终岁末，就怎么对也对不上了。董仲舒尝谓"四时等也，而春最先。十二月等也，而正月最先"（董仲舒《春秋繁露·观德》），实际上是同时讲到了以立春开端的太阳年和以正月开端的阴阳混合年。

人们之所以制定历法，从理论上来讲，是要编制出万年如一的制历通则。《史记·历书》中的《历术甲子篇》，就是中国历史上第一部这样的制历通则。它体现的是，人们怎样安排"永宙"的时间。

透过《历术甲子篇》，我们可以看到，古人是把这个"永宙"的启始时间，也就是"太初元年"这个历元选在了"焉逢摄提格"亦即甲寅之年。其间的道理，上一节里我也已经讲过，这只能是与一岁启始于寅月相匹配。

体现"永宙"的太岁，在这个历法体系里有了一个新的虚拟的名称——太阴。《淮南子·天文训》谓"太阴元始建于甲寅"，讲的就是这个太阴运行的启始时间。

这个太阴，又称作"岁阴"，《史记·天官书》在讲述岁星运行规律时就是这样的称谓。日本学者饭岛忠夫因未能领悟天文与历法的区别而误以为十二辰的本初状态应是始于寅辰，始于子辰的排列形式则是在前者基础上次生的，他还把这个始点次生于子辰的年代明确定在西汉末年。在我看来，这是缘于饭岛氏对中国古代一些重要天文历法文献的错误理解，在此姑且置而不谈（饭岛忠夫《支那古代史と天文學》一《支那天文學の組織及び其起原》、三《支那印度の木星紀年法の起原》，又饭岛忠夫《天文曆法と陰陽五行說》五《陰陽五行說》）。今案始子终亥这一顺序正清楚无疑地体现着十二辰的本初状态，饭岛氏的认识恰恰本末颠倒。

太阴虽然是由太岁脱胎而出，但是其原始含义同太岁具有本质区别——一个是天文概念，一个是历法概念。由于太阴或岁阴启始于甲寅而太岁启始于甲子，寅在子后二位，故如钱大昕所云"太阴即岁阴也，亦周行十二辰，而常在太岁后二位"；换个角度讲，就是"太岁常在太阴之前二辰"（清钱大昕《潜研堂文集》卷三四《答大兴朱侍郎书》，又卷一四《答问》十一）。

如上所述，太岁是为记录和表述天文现象而创制的虚拟天体，太阴则是具体用于纪岁的虚拟天体，故"古人以太阴纪岁，不以太岁纪岁"（清钱大昕《潜研堂文集》卷三四《答大兴朱侍郎书》）。

在前面的第六节里我说《史记·天官书》"太岁在甲寅"的"太岁"应是"太阴"的讹误，就是基于太岁与太阴的这一区别。盖"太岁在甲寅"乃是叙述太初历一蔀之首所对应的天象，在这里用于纪岁的只能是太阴，而不会是太岁。过去研究中国古代天文历法的学者，不拘中外，都没有勘破太阴与太岁之间这种根本性质的差别。

太阴、太岁之别最为典型的例证，是吕不韦在《吕氏春秋》中自述其撰著时间，乃"维秦八年，岁在涒滩"。"涒滩"

是申年所值的岁阴，这个岁阴也可以称作岁名，而秦王政八年乃值壬戌年，此前两年的王政六年是庚申年，这些都是以太阴纪年，故而"岁在涒滩"的"岁"字指的只能是太岁，即钱大昕所说"太岁常在太阴之前二辰"。

另一个饶有兴味的问题，是武王克商的年代。关于这一年代，世界各地有众多学者进行过长期的讨论，彼此之间，见仁见智，分歧严重。造成这种局面的原因，在很大程度上是缘于所重视的文献各不相同，基于互不相同而又无法调和的历史记载，自然会得出不同的结论。

审度相关文献，敝人最为重视的是古本《竹书纪年》所记载的西周积年，即"自武王灭殷以至幽王，凡二百五十七年也"（《史记·周本纪》刘宋裴骃《集解》）。这里的"幽王"是指周幽王被犬戎杀掉的年份，由此上溯二百五十七年，便是"武王灭殷"之年。这一年，是公元前 1027 年，在甲子纪年体系中，时值甲寅。

如同何炳棣先生所云，这一战国时期魏国史官的记述，理应承自两周晋国的谱牒档册（何炳棣《周初年代评议》，见北京师范大学国学研究所编《武王克商之年研究》），因而对其如此具体而又明晰的历史纪年，应当予以高度重视。至于其他各项记载，诸如《国语》"昔武王伐纣，岁在鹑火"之类的"语类"叙述，其性质同重在说理的子部诸说已颇有相通之处，纪事的信实性是要打很大折扣的。两相比较，这类著述的史料价值自然是等而下之的。

利簋铭文拓片

在西周钟鼎铭文中，有著名的利簋，直接记录了武王灭商一事；或者更清楚地说，记录了灭商之役中牧野决战的具体时日。按照一般的释读，其文如下：

> 珷征商，佳（唯）甲子朝，岁
> 鼎，克昏（闻）夙又（有）商。辛未，
> 王才（在）𤔲𠂤（师），易（赐）又（有）事（司）利
> 金。用乍（作）𣪘公宝尊彝。

文中"鼎"或读为"贞"，即作贞卜解，然而张政烺先生以为其"文义绝非倒述兴师前的预卜，可见此鼎字不作贞卜讲"。

那么，"鼎"字不作贞卜解又当别作何解呢？张氏是把"岁"字解作岁星，"'岁鼎'意谓岁星正当其位，宜于征伐商国"，这应该是把"鼎"字释为"正当"之意。对此，他又进一步解释说，铭文之所以这样讲，是因为"古代兵家迷信'天时'，严于选择岁时月日，《吕氏春秋》记载周武王告胶鬲说'将以甲子日至殷郊'，好像决战日期早已安排好了。故'岁鼎'是武王征商的条件和精神力量，写入铭文也就不足为奇了"（张政烺《利簋释文》，见《张政烺文史论集》）。

张政烺先生对利簋铭文的解读，自然颇具见识；特别是他注意到武王在起兵伐商之前，对发起战役的具体时日是刻意安排的。不过在这一前提下我来重读这篇铭文，就会发现似此解读会有一点十分费解的地方，这就是纪念意义重大无比的武王

克商之役,在这篇铭文中并没有讲明具体的年份。所谓"岁星正当其位"在历法意义上的指向是相当浮泛的,无法落实为具体的年份。

在这种情况下,我们不妨换个角度来分析"岁鼎"二字。由《吕氏春秋》"岁在涒滩"的表述形式出发,我想若是把"岁鼎"看作是"岁在鼎位"的一种简略表述形式,应该属于合情合理的假设。盖周初文字自然要比后世简质,由简到繁也是书写形式的正常演进路径。问题是"鼎"是太岁行经的哪一个辰位呢?其实稍微转个小弯儿,就不难看到,这个辰位乃是寅位。

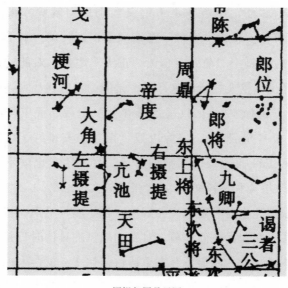

摄提与周鼎星图

如上所述，"涒滩"是申年所值的岁名，而在前面第六节早已讲到，"摄提格"是处于寅位时岁阴的名称，亦即寅年的岁名。《史记·天官书》记载，在天穹东官区域，有"大角者，天王帝廷。其两旁各有三星，鼎足句之，曰摄提。摄提者，直斗杓所指，以建时节，故曰'摄提格'"。鼎足叫摄提，摄提三星因其可"建时节"而被称作"摄提格"，这意味着所谓"摄提格"一称源自于鼎，三足并立又是鼎的一项重要造型特征。《晋书·天文志》记云，在两摄提各自三星之外，其"西三星曰周鼎"（《开元占经》卷六九谓"甘氏曰周鼎三星在摄提西"，说明把这三星称作"周鼎"由来已久），这更直接点明了古人可以径自用象征鼎足的三点来表示鼎身。因而倒转过来，用"鼎"来体现"摄提格"也就应该是顺理成章的了。

按照这样的理解，利簋所云"岁鼎"即犹如后世所谓"岁在摄提格"，也就是武王克商发生在寅年，而这正同古本《竹书纪年》所记"武王灭殷"时在甲寅之年密合无间。由于在这一年前后还有很多其他事件发生，同武王克商一事具有各种关联，所以在子丑寅卯等十二年内有了确定的位置，当时人也就很容易由寅年知晓此事发生的具体年岁。这就像旧时人们通行用甲子纪岁（或由此衍生的生肖纪岁），通过相关的其他条件是很容易确定一个人的具体生年的。

如前所述，《淮南子·天文训》谓"太阴元始建于甲寅"，这虽然指的是阴阳混合历的历元，而阴阳混合历这一设置，很有可能是从太阳年历法体系当中继承下来的做法。《史记·天官书》记云"岁星一曰摄提",按照我的理解,行用这一名称的缘由也只能是缘于寅辰为历元之点。《史记·天官书》唐司马贞《索隐》引东汉人李巡语阐释"摄提格"之"格"字的语义说:"格,起也。"所以"摄提格"也就是起自"摄提"亦即寅辰的意思。

《史记·周本纪》记武王即位之九年,在盟津大会天下八百诸侯,"诸侯皆曰:'纣可伐矣。'武王曰:'女未知天命,未可也。'乃还师归。"还居二年之后,始正式兴兵灭殷。周武王所期待的天命,很可能就包括甲寅这个历元的年份在内。因为这意味着一个大的天文历法周期的开始,意味着与民更始,除旧布新。

现在让我们回到前面的话题,再来看一看太阴与太岁之别问题。虽然钱大昕对太阴、太岁之辨的具体论述,在我看来,有些并不正确(如钱氏以《历术甲子篇》的历元甲寅当汉武帝太初元年,又如其谓太岁也像岁星一样会有所谓"超辰"之事等。除前引钱文外,相关论述尚别见于《潜研堂文集》卷一六《太阴太岁辨》及卷三四《与孙渊如书》),王引之后来对他这一观点做出连篇累牍的批判,所说也不是全无道理(清王引之《经义述闻》卷二九《太岁考》)。然而竹汀先生清楚识别太阴与太岁的差异,复谓二者混而为一最早也是西汉中期以后才发生的事,诚可谓独具慧眼,阐发千古之秘。王引之没能读懂钱大昕说的是什么,洋洋洒洒地讲了一大通,结果越讲离历史真相越远。

这个虚拟的天体太阴，又名天一（《淮南子·天文训》），或称青龙。上一节提到的《续汉书·律历志》所述"摄提迁次，青龙移辰，谓之岁"，这个"青龙移辰"，更精确的含义，就是讲太阴的运行状况。

九　四帝与四時

　　从天文历法基本原理出发以进一步阐明太阴与太岁的差别，可以使我们对中国古代的天文历法知识具备更为具体也更为清楚的认识。我们理解了太岁本是表述太一永续运转状况的虚拟天体，太阴则是为依据太岁制定历法而设置的另一个虚拟天体，就会更深入一层理解到天帝太一在中国古代天文历法乃至政治、思想观念中的重要地位。

　　另一方面，太一虽然处于至高无上的核心地位，可它既看不见，也摸不着，哪怕像福尔摩斯那样趴在地上也嗅不到它的气味。如此神秘幽渺，简直令人难以捉摸。事实上，人们对它的感知，更多的是要借助天赤道上的青龙、朱雀、白虎、黄鹿（或玄武）四灵，牛河梁遗址出土的玉猪龙和《楚辞》吟咏的"东皇太一"，都清楚显露出天极太一同青龙等四灵神兽的内在联系。

　　现在让我们回到本书开头"引子"里谈到的那一事件，即《史记·封禅书》所记汉高祖二年（前205）还入关中时所见秦上帝祠的现状，即秦祠"四帝，有白、青、黄、赤帝之祠"。上帝也就是天帝，本来只有天极太一，可现在怎么又出现了白、青、黄、赤四帝？考虑到这白、青、黄、赤四帝同白虎、青龙、黄鹿和朱雀在颜色上的对应关系和上文所说太一与四灵的关系，我想有理由相信，这白、青、黄、赤四帝就是天极太一在四灵身上的体现。

《史记·封禅书》和《史记·秦本纪》一一记述了秦人兴建祠祀白、青、黄、赤四帝時坛的经过，其具体情形如下。

首先兴建的是白帝之時。秦襄公八年（前771），犬戎与申侯伐周，杀幽王于郦山之下。秦襄公奋起救周，并护送平王东迁雒邑。因护主有功，被周平王"封襄公为诸侯，赐之岐以西之地"，"襄公于是始国，与诸侯通使聘享之礼"。就是在秦国迅速崛起的这一背景之下，秦襄公"自以为主少皞之神，作西時，祠白帝，其牲用骝驹、黄牛、羝羊各一云"。《史记·十二诸侯年表》也明确记述说西時祭祀的上帝为白帝。

"西"是这一時坛所在地的县名，也是秦国都邑所在，其具体位置是在今甘肃天水西南。当然这里还是秦人旧地。紧接着，在"其后十六年，秦文公东猎汧渭之间，卜居之而吉。文公梦黄蛇自天下属地，其口止于鄜衍。文公问史敦，敦曰：'此上帝之征，君其祠之。'于是作鄜時，用三牲郊祭白帝焉"。所谓"秦文公东猎汧渭之间"，讲的是秦国东扩至汧渭二水相汇之处并移都于此的史事，而具体地讲，"汧渭之间"也就是今宝鸡、凤翔附近地区。至此，秦国文化始见发展，史称在这三年之后的文公十三年，秦"初有史以纪事，民多化者"，这才多少有了点文明之国的样子。

其后至武公时期，"伐彭戏氏至华山下"，秦国势力拓展到整个关中地区。此前秦都已在宁公时期迁移到汧渭相汇之处以东的平阳（在今宝鸡以东的渭河北岸）。其后至德公元年，秦又徙都于今凤翔附近的雍城。史称"作鄜畤后七十八年，秦德公既立，卜居雍，'后子孙饮马于河'，遂都雍。雍之诸祠自此兴。用三百（白）牢于鄜畤"。

并观上述文、德两公时期祠祀鄜畤之事，可知鄜畤一开始就是兴建于雍城附近，秦德公祠祀的鄜畤，就是秦文公兴建的那个鄜畤，所以秦德公祠祀鄜畤时才会有"作鄜畤后七十八年"云云的说法（参见《史记·秦本纪》之唐张守节《正义》）。

鄜畤的设立，是秦国祭祀史上的一件大事。武公都雍之后，经过德公的倡导，其地诸祠并兴，俨然成为具有强烈神圣意义的祠祀中心。这除了秦都政治中心地位的聚集力之外，也与当地的祭天传统具有很深关系。《史记·封禅书》记云：

> 自未作鄜畤也，而雍旁故有吴阳武畤，雍东有好畤，皆废无祠。或曰："自古以雍州积高，神明之隩，故立畤郊上帝，诸神祠皆聚云。盖黄帝时尝用事，虽晚周亦郊焉。"其语不经见，缙绅者不道。

秦德公在位仅仅二年就离世而去，宣公继位四年，又"作密畤于渭南，祭青帝"。

当初设西畤祭白帝的时候，秦襄公说祠祀白帝的缘由是他"自以为主少皞之神"。盖《吕氏春秋·十二纪》记孟秋之月"其帝少皞，其神蓐收。……立秋之日，天子亲率三公九卿诸侯大夫以迎秋于西郊"。是则所谓少皞之神，亦即秋时之神、西方之神，而襄公之所以会"自以为主少皞之神"，元人马端临以为不过"以其有国于西也"（马端临《文献通考》卷六九《郊社考》二）。

正因为建畤时祠白帝对秦人具有特殊的意义，所以文公才会在襄公设置西畤之后，很快又在汧渭之间再建鄜畤，继续祭祀白帝；德公也才会持续重视鄜畤的祭祀。再后来到秦献公时期，秦国徙治关中腹地的栎阳，意欲进一步东向与诸侯争锋。正当此时，"栎阳雨金，秦献公自以为得金瑞，故作畦畤栎阳而祀白帝"。按照五行学说，西方属金，所以秦献公信奉的这个金行之说，同样是"以其有国于西也"。

另一方面，随着秦国国力的增强和国土的扩张，数代秦君持续建畤祠祀西方天神白帝，也想通过这样的祠祀以求取天神的佑护，在心理观念上对秦人是至关重要的。也正是基于同样的心理需求，秦宣公才会在继位的第四年"作密畤于渭南，祭青帝"。前此三年的宣公元年，"卫、燕伐周，出惠王，立王子颓。三年，郑伯、虢叔杀子颓而入惠王"。显而易见，周天子的权威已经荡然无存，列国交争，弱肉强食，秦人已不可避免地要东出函谷，攻城略地了。因而，就在秦宣公设置密畤的当年，秦军便"与晋战河阳，胜之"（《史记·秦本纪》）。既然要向东方发展，当然需要东方天神青帝的佑护，所以才在这个当口儿"作密畤于渭南"。

值得注意的是，这个祭祀青帝的密畤，并没有设在秦国的东方，而是建在鄜畤的附近（《史记·秦本纪》之唐张守节《正义》）。

秦汉上畤遗址出土陶器铭文

　　进入战国以后，秦灵公时又"作吴阳上畤，祭黄帝；作下畤，祭炎帝"（《史记·封禅书》）。"吴阳"在这里只是设畤的地点，这两个畤坛正式的名称，就叫上畤和下畤（《史记·六国年表》）。唐人司马贞在给《史记·封禅书》所做的《索隐》里解释说："又上云'雍旁有故吴阳武畤'，今盖因武畤又作上、下畤，以祭黄帝、炎帝。"也就是说，这新建的上、下二畤也设在雍城近旁。

　　依据中国传统的礼制，"凡位，以北为上，南为下也"（清金鹗《求古录礼说》卷五《学制考》）。所以秦灵公所建上畤，也就犹如北畤；相应地，下畤则为南畤。又炎帝即赤帝别称。

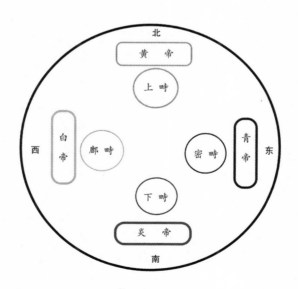

四帝与四畤对应关系示意图

这样一来，这新建的北方黄帝之畤上畤、南方炎帝（赤帝）之畤下畤，与雍城已经兴建的西方白帝之畤鄜畤、东方青帝之畤密畤组合在一起，就构成了《史记·封禅书》所述秦人所祠"白、青、黄、赤帝之祠"了。又《史记·封禅书》记云"雍四畤上帝为尊"，讲的就是对这白、青、黄、赤四天帝的祭祀。

前面已经谈到，白、青、黄、赤四帝的颜色是直接对应于白虎、青龙、黄鹿和朱雀四灵的，因而这白、青、黄、赤四帝就应当是天极太一在四灵身上的体现。至于秦人构建上述完整四畤体系以祭祀四方天帝的政治意图，那是显而易见，毋庸赘言的——这就是进入灵公时期以后，秦人向四方扩张领土的野心已经相当强烈。与之相应，自然需要四方天神的佑庇。

十　由四帝四時到五帝五時

在本书开头的"引子"里，我们看到，汉高祖刘邦面对雍城附近上述祠祀白、青、黄、赤四帝的四時，曾经发出疑问说："吾闻天有五帝，而有四，何也？"当时众人面面相觑，无言以对。无奈之中，刘邦只好自问自答，以为"乃待我而具五也"，于是"乃立黑帝祠，命曰北時"。这是中国古代天文观念上的一项重大变化，须要展放开来，仔细叙说。

在这里需要强调的是，上一节讲到的白、青、黄、赤四帝，在本质上都是天帝；更准确地说，它们都是天极太一的分身。换一个角度看，青龙、朱雀、白虎和黄鹿四灵就是这四方天帝的形象体现。在天体运行的时间序列上，这四灵分别标志着一岁之中的春、夏、秋、冬四时，这也就是天极太一公转周期的四个阶段。当然，用今天科学的术语来表示，乃是太阳周年视运动的四大时段。

至于天帝真身太一之神，是另有专门的祭祀设置的，这就是圜丘。《周礼·春官·大司乐》："凡乐，……冬日至，于

地上圜丘奏之，若乐六变，则天神皆降，可得而礼矣。"所谓
"冬日至"犹云"冬至日"，这是讲在祭天的时候，奏乐助之，
而所谓祭天实质上就是祭祀天极太一，也就是天帝。

　　天子于"圜丘"祭天之制，一直沿袭至帝王时代之末的
清朝，北京城里俗称的"天坛"就是清代的圜丘；而若向上追
溯，前面第三节中已经提到，在距今 5000 年前的河南荥阳青
台遗址中发现，当时就具有这一设置。如果用猪之体毛的颜色
来标志圜丘所祭祀的天极太一这个天帝真身的话，那么我们就
可以把这个天帝真身称作黑帝。

　　谈到天极太一分身于青龙、朱雀、白虎和黄鹿四灵，谈到
太阳的视运动，需要再一次重申，这种运动的轨迹是在天赤道
带上，而同天赤道紧密相连的另一项天文要素，就是天极太一

河南荥阳青台遗址出土圜丘

本身——它意味着穹庐天幕的顶点，这也就是所谓天顶。

　　另一方面，地面上的人坐而观天，人们看到的天空，是不包括观测者所在的地面的，只是在虚空里倒扣着的一个"张盖"而已。不过要点是这个"张盖"的顶，是这个天顶同天赤道带相互比照，才构成了立体的天穹。具体地讲，这个天穹的顶点就是天极。

　　前面我们已经谈到，古人是用猪来做天极的象征的。猪特别是野猪的古称是豕。若是把这个以黑豕象征的天顶同天赤道带上的青龙、朱雀、白虎和黄鹿四灵匹配在一起，其情形将如下图所示：

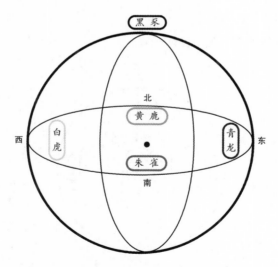

象征天极的神兽黑豕与青龙、朱雀、白虎、黄鹿四灵

这就是古人心目中立体的天穹。了解这一天穹的观测视角，我们就很容易理解，基于四时的四方、四帝和四色等，这些应该是古人早期天文概念及其衍生观念中必有的内容，是自然而又合理的。

然而人们若是放弃这样的天球坐标，放到大地平面坐标体系中来看待这些业已具有的认识时，情况就会发生重大的改变。

第一，穹顶上的天极向哪里转换？由于在立体的天穹上这个天极位于最北的极点，所以古人就让象征着天极太一的黑豕顺着天穹的北壁滑向正北方，取代了原来由黄鹿占据的位置。相应地，北方的天帝就由黄帝变成了黑帝。

第二，被挤压到中央的黄鹿（这一灵兽形象，后来衍变成麒麟，再后来竟变成一条黄色的大龙），由象征北方的天帝变成了象征中央的天帝。这是只有在新的大地平面坐标体系上才能得以实现的。

其具体情形，如下图所示：

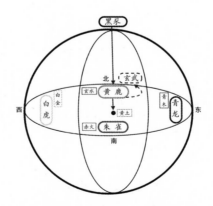

四方四色四性向五方五色五性转化过程示意图

面对上面这张示意图，现在不得不谈谈黄鹿向玄武的转化了。

首先是北方灵兽由黄鹿转换成玄武的时间。在前面第二节里已经谈到，这一转换大致发生在战国中期前后，具体的证据是屈原的《远游赋》，战国末期撰著的《吕氏春秋》，还有在秦咸阳城宫殿遗址出土的画像砖上，我们看到了作为介虫的乌龟和龟蛇结合的玄武。现在结合上一节提到的秦灵公兴建吴阳上時、下時分别用以祭祀黄帝和炎帝一事，可以进一步印证这一点。盖秦灵公时还属于战国前期，当时北方之帝还是黄帝，体现它的灵兽当然也还只能是黄鹿。

由于目前我还没有看到相关的史料，足以清晰展现黄鹿转换为玄武的具体过程，所以只能十分粗略地对此加以推测。

至于象征天极的黑豕从天顶下降到北方之后，何以会演变成为龟蛇结合的玄武，史阙有间，现在还很难做出清楚的解说。

一方面，"玄武"二字本来就是对黑豕性状的描摹，盖"玄"者，野猪之黑毛也，"武"者，乃谓野猪凶猛之生性实堪称勇武。这两项特征相结合，就构成了"玄武"这一灵兽的名称。黑豕从天顶滑向北方的天赤道带上，一开始就带着这两项标志性特征。因而这个替代黄鹿而象征着北方和冬时的灵兽，应该从一开始就具有玄武这个名称。

不过直接采用黑豕作为北方灵兽的时间应该很短，以至于我们至今还没有发现相关的遗迹或记载。

另一方面，前面第一节里已经谈到，作为周天二十八宿中四方七宿的表征，四方灵兽的躯体同各方星宿的构形是存在着特定的对应关系的，可玄武下降而来的时候，包括北方七宿在内的二十八宿，其星官构成和诸宿名称都早已固化，并没有一个同猪身上构件相关的星宿名称可以同这个黑豕对应。

这显然是一个需要解决的问题，而且古人很快就着手解决了这一问题。从《吕氏春秋》记载的情况来看，古人应该是先把北方七宿中的虚、危两宿并联为一体，构成了一个近似龟背的五边形轮廓。在西安交大附小西汉墓室穹顶上绘制的天象图中，我们就可以看到这样的"玄武"构形：

西安交大附小西汉墓室中的天象图

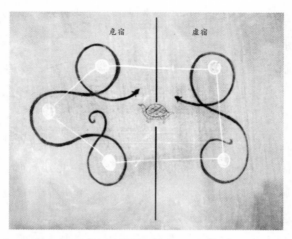

陕西靖边秦汉上郡阳周县城附近唐代墓室壁画上的玄武图形
（据靖边县委宣传部等编《陕西靖边古墓壁画》）

看这个图形，是在龟形的轮廓里绘制了一条小蛇。《吕氏春秋》所说的介虫，指的就是图中由虚、危两宿连接而成的龟形轮廓。另外，在陕西靖边秦汉上郡阳周县城附近一座唐代墓室的壁画中，我们还可以看到另一种处理方式，即在虚、危两宿构成的龟形轮廓上缠绕两蛇，然后再在这一轮廓之内绘制一只小龟。

龟虽然谈不上有什么勇武，但龟壳颜色却大多是黑色或与之色调相近的暗绿色、棕色，所以才会通行"乌龟"的说法。这不能不说是对黑豕之"黑"的继承。另一方面，世上龟中重要的一类，是水陆两栖，中国也是如此。用水陆两栖的龟来替代黑猪的玄武形象，大概同五行观念有关——按照五行五方的配置关系，北方属水，用龟来做北方的灵兽，能够更好地体现五行中水的性质。

由此看来，象征天极的黑豕下降于北方，或许从一开始，至少是开始未久，就同五行学说的产生和流行具有内在联系。

这样的表述形式，虽然很勉强地体现了黑豕或玄武的色调和这种黑色在五行之中水的属性，可毕竟在北方七宿中找不到与之直接对应的星体图形。我推测，玄武图形中那条蛇，就是为弥补这一缺陷而设置的。

冯时先生已经指出，这个蛇的形象，很可能取自虚、危二宿北方的腾蛇星官（冯时《中国天文考古学》第六章《星象考原》）。

东汉张衡在《思玄赋》中抒写其遨游四方的心志，其中有句云："仰矫首以遥望兮，魂怅惘而无畴。逼区中之隘陋兮，将北度而宣游。行积冰之硙硙兮，清泉冱而不流。寒风凄而永至兮，拂穹岫之骚骚。玄武缩于壳中兮，腾蛇蜿而自纠。鱼矜鳞而并凌兮，鸟登木而失条。坐太阴之屏室兮，慨含欷而增愁。怨高阳之相寓兮，伽颛顼之宅幽。"（《后汉书·张衡列传》）这里所说"腾蛇蜿而自纠"的状态，正与"缩于壳中"的玄武相互匹配，足见冯氏所说信而可从。

腾蛇与虚、危二宿在天空中的位置关系，如下图所示：

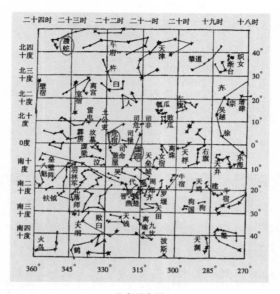

北官星官图

由上图可以看出，这个腾蛇星官的纬度比天赤道带要高出很多，单纯就客观的天象而言，把它画到虚、危二宿合成的龟形轮廓之内，实在过于牵强。然而这是没有办法的办法，毕竟在北天之上与虚、危二宿相近的空域内还有这么一个生动的动物图形星官，可以画出它来同青龙、朱雀、白虎并列。

在前面的第二节里已经谈到，在玄武替代黄鹿成为北方灵兽以后很长一段时间内——起码直到西汉昭宣时期，仍然会看到一些绘有青龙、朱雀、白虎和黄鹿的四灵图形画作。另外，在第二节里还曾谈到，我们在清华大学藏战国竹书《五纪》中看到北方的灵兽就是一条蛇，这也就是所谓"腾蛇"。由于天空中螣蛇图形的生动性，在两汉时期，我们还看到一些仅绘螣蛇以示玄武灵兽的画像。

例如西汉永城汉墓中的四灵壁画就是如此：

图中最靠左部边缘的那个带有"鸟嘴"的"海马"式怪兽，就是螣蛇的图像。又如，山东嘉祥东汉画像石上的这幅天帝出巡图，天帝身后那个鸟嘴蛇身的怪兽，同样也只能是这条螣蛇。

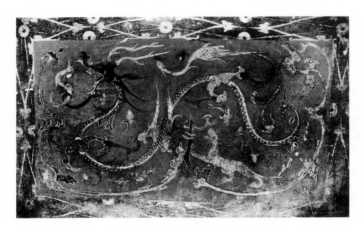

西汉永城汉墓顶部四灵图画

山东嘉祥东汉画像石上的天帝出巡图
（据清冯云鹏、冯云鹓《金石索》）

《荀子》说"螣蛇无足而飞"
（《荀子·劝学》），这两幅画面
上的情况，都与其相符。

　　须知不仅水蛇善于游泳，
大多数陆蛇也会游水。西汉中
期海昏侯刘贺墓室出土的一件
错金银四灵当卢，在相当于玄
武的位置上是被蛇环绕着的一
条鱼，即用鱼取代了龟。这个
鱼的图像就更好地体现了北方
灵兽的水生性状。鱼蛇如此，
龟蛇亦然。在后面的第十一
节中我将具体论述，系统化的、
作为一种社会政治思想的五行
学说应该是进入战国中期以后
才产生的，因而衍生的龟蛇或
鱼蛇灵兽清楚体现其水之属性，
也可谓合情合理。

　　天顶的黑豕下降于北方而
成为北方灵兽玄武，还与天极
太一在中国古代天文观念中的
独特地位有关，即如前面第七、
八两节所述，在上古时期，人

海昏侯刘贺墓出土错金银四灵当卢

157

们普遍把地球的自转和公转都看作是天极的运转，而人们是把十二辰的子位配置在北方的，这里的冬至点也是地球公转和太岁运转始发的地方，所以天极太一才会滑向北边而不是直接坠落到大地中央。

原来分身于东南西北的青龙、朱雀、白虎和黄鹿身上的四方天帝，这时再加上天顶上降落下来的天帝真身黑豕（后演化为玄武），就构成了青、赤（炎）、白、黑、黄五大天帝。与此相应，祭祀天帝的畤坛，也随之由四增一，成为五畤，即原来由圜丘供奉的天帝真身黑帝，现在降格一等，给它配置了个北畤。

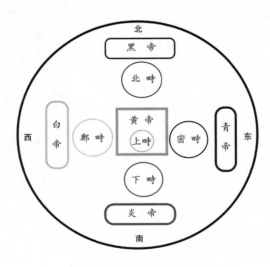

五帝五畤配置图

刘邦增设北畤祭祀黑帝，就是在这样的背景下发生的。也正因为存在这样的背景，他才会把新增的黑帝之畤设为北畤，而这样一来，只能把原来分布在北方的上畤挤到了中央的位置上。

十一　五帝与五行

　　这种配置于大地平面坐标体系上的五帝，对中国古代的思想观念和社会行为都产生了重大影响；特别是与此伴生的五行学说，影响尤为深重。

　　关于五行学说的形成过程，诸说纷纭，错综复杂。当年顾颉刚先生写出《五德终始说下的政治和历史》一文（此文最初发表在《清华学报》第六卷第一期，后经修改刊载于《古史辨》第五册），使人们的认识进入了一个相当深入的阶段。踵其后者，相关论著连篇累牍；特别是随着新出土文献的增多，研究愈为兴盛。不过就这一学说产生的基本根源而言，似乎尚且未能达其肯綮，所以我想在这里谈谈自己的初步看法。

　　这里无意一一缕陈各项相关因素。一者用功不足，暂且无暇顾及；二者由于功力不足，难免治丝而棼，徒乱读者耳目。所以，下面只是简单陈述敝人的基本看法，希望能够进一步加深对这一问题的认识。

　　探讨这一问题，首先需要合理地阐释"五行"为什么叫

"五行"的问题。这一问题从表面上看好像很简单，或者说好像颇为玄虚，有些说不清、道不明，也好像无关宏旨，可实际上却是理解五行学说的关键。

其实司马迁在《史记·天官书》中本来清楚地讲过这一点：

> 自初生民以来，世主曷尝不历日月星辰？及至五家、三代，绍而明之……仰则观象于天，俯则法类于地。天则有日月，地则有阴阳；天有五星，地有五行。

"天有五星，地有五行"这句话的意思，就是说五行来源于天上的五星。后来西汉末年人李寻也说"五星者，五行之精"（《汉书·李寻传》）；东汉人王充更是加重力度表述说，当时"说五星者谓五行之精、之光也"（王充《论衡·说日》）。检读马王堆汉墓出土《五星占》帛书，我们可以看到，它对诸星的叙述，都是以"某方某行其上为某行星"的形式展开的。这些表述，都更为清楚地向我们表明了古人心目中的五行就是基于天上的五星而产生的。

天上的五星，就是金、木、水、火、土这五颗行星。不过金、木、水、火、土并不是它们的本名，这样的称谓乃是五行观念形成之后才出现的，这五颗行星本来是被分别称作太白、岁星、辰星、荧惑和填星的（《史记·天官书》）。在《史记·天官书》中，司马迁不仅同恒星清楚区分开来对这五颗行星加以叙述，而且还都突出讲述了它们的运行状况，特别是它们的运行规律。长沙马王堆汉墓出土帛书《五星占》则更为清楚地记述了五星运行的具体状况。这就是说，虽然在早期文献记载中并没有"行星"这样的专用名词，但人们对这五大行星不同于漫天恒星的"行走"特性是有清楚认知的。

这五颗在夜空中往复游荡的行星，当然会在古人的心目中留下强烈而又深刻的印象，也会让人们深切地感知"五"这个数目，产生"五行"这样的观念。基于这五星同属于有规律运行的星体，人们还会用"五"这个数目来区分地上所知同一性质事物的内部构成，如五味、五色、五声等——我认为五行观念就是这样产生的。

至于五行学说在社会上生成、衍变的历程，大致经历了如下两个阶段。

第一阶段，截止于战国中期。在可以明确认证的史料记载中，战国中期以前就出现了五行的观念。如《国语·鲁语》上所记"地之五行，所以生殖也"（按这里所说"地之五行"已经透露出这"五行"观念来源于天上"五星"这一事实）；又如《左传》昭公二十五年之"则天之明，因地之性。生其六气，用其五行。气为五味，发为五色，章为五声"，等等。但五行观念在这一时期还没有成为一种社会政治思想，只是一种认识自然、认识社会的朴素观念而已。

《左传》昭公二十九年晋太史蔡墨向魏献子讲的如下一段话，则显示出这一观念很早就已经被引入社会政治生活领域：

夫物物有其官，官修其方，朝夕思之。一日失职，则死及之。失官不食，官宿其业，其物乃至。若泯弃之，物乃坻伏，郁湮不育。故有五行之官，是谓五官。实列受氏姓，封为上公，祀为贵神。社稷五祀，是尊是奉。木正曰句芒，火正曰祝融，金正曰蓐收，水正曰玄冥，土正曰后土。

不过这种"五行之官"还仅仅是一种解释社会现实的途径，并没有上升为治理社会的理论。值得注意的是，这段记载告诉我们，所谓五行从一开始就是与金、木、水、火、土五性匹配在一起的。

至于这一阶段的开始时间，还有待进一步深入研究，在这里我只能简单谈谈自己非常初浅的想法。

上述《国语》和《左传》的记载表明，至迟在春秋时期就已经形成了这样的观念，再向前追溯，按照一般的情理，若谓西周时期即已产生五行观念，应该是合乎情理的。若谓早期具体的文献记载，虽然有两部重要的著述都提到了五行，但其成书年代比较复杂，在未经深入思考或具体探究之前，我不敢轻易断言这些书籍的史料价值。

这两部书，一部是《尚书·洪范》，一部是《逸周书·小开武》。关于前者，我的态度比较保守，觉得还是定作战国时代的著述比较合适。对比清华大学藏战国竹书《五纪》，其成熟和晚出的特点显得愈为突出（因为编著者不懂相关原理造成的谬误也比较严重）。关于后者，我觉得它的内容很混乱，虽有早期文献的明显痕迹，至少其中部分内容或来自早期著述，但通篇看下来似乎更像是战国以后的拟作。

《逸周书·小开武》记述说，周公谓文王治国，乃能"顺明三极，躬是四察，循用五行，戒视七顺，顺道九纪"，复谓"五行一黑位水，二赤位火，三苍位木，四白位金，五黄位土"。其间虽然存在诸多混乱不堪的内容，但还是提供了早期五行观念的重要情况，且待下文再具体讲述。

第二阶段，进入战国中期以后，产生了系统的五行学说。其特征有二：一是五帝与五行的结合，二是五行观念已经上升为一种社会政治思想。

所谓五帝与五行的结合，首先是上一节所论在战国中期前后出现的青、赤（炎）、白、黑、黄五大天帝。把这五大天帝置于同一平面坐标体系之中，就给它们同五大行星的结合提供了必备的条件。

在上一节的《四方四色四性向五方五色五性转化过程示意图》上，我们可以看到，同青龙、朱雀、白虎、玄武和黄鹿这五方灵兽相匹配，还标示出了五方、五色、五性，特别是青龙的木性、朱雀的火性、白虎的金性、玄武的水性和黄鹿的土性。值得注意的是，五星与五性的匹配方式，缘自对五大行星的系统排列。

上引《左传》昭公二十九年那条记载表明，从五行观念产生之时起，太白、岁星、辰星、荧惑和填星就分别被赋予木、火、金、水、土五性，但从现有文献记载来看，把这五大行星正式而又普遍地称作木星、火星、金星、水星和土星，应是战国中期以后才发生的事情。这一点也是五行观念演化史上的一项重大事件。

按照与五方、五色、五性相匹配的原则，这金、木、水、火、土五大行星在平面坐标体系中的配置状况，如下图所示：

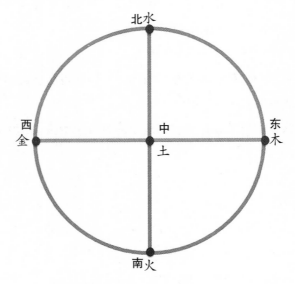

五大行星被赋予五性之后的平面配置状况图

面对这样的配置形式，让我们不能不思考五行相生的次序问题。

成熟五行学说对五行诸项要素相互关系的演绎，有五行相生和五行相胜（或称作"相克"）两种不同的说法。按照普通人正常的思维方式，五行相生理应先于五行相胜而存在，董仲舒云"五行者，……比相生而间相胜也，故谓治逆之则乱，顺之则法"（董仲舒《春秋繁露·五行相生》），所说"比"者，依顺也，遵从也。其实这本是显而易见的道理，是毋庸论证的。因为所谓五行若未生成于世，其诸项要素又如何相胜相克？当然我知道五行研究专家们的逻辑并不这么普通，或许他们把这五行看作一种先天而生的存在，其相互之间所发生的关系只是一种后天人为的构建而已。

然而，即使是按照专家们的思路来分析，既然有五行相生之说，它们究竟是应该怎样生成的呢？构建也需要遵循普通人正常的逻辑来"施工"吧？

西汉中期以后，世间普遍通行的五行相生之说，出自董仲舒，其说如下：

> 天有五行：一曰木，二曰火，三曰土，四曰金，五曰水。木，五行之始也；水，五行之终也；土，五行之中也。此其天次之序也。木生火，火生土，土生金，金生水，水生木，此其父子也。（董仲舒《春秋繁露·五行之义》）

董氏所说"木生火，火生土，土生金，金生水"，就其五性来说，这大致还都说得通，可既然有土这一要素存在，那怎么能有"水生木"之理呢？难道当时就有了"后现代"的无土栽培不成？天下绝大多数草木不是都长在土里吗？正如《白虎通》所云："木非土不生。"（汉班固《白虎通·五行》"五行更王

相生相胜变化之义"条）因此，合情合理的次序，当然应该是
"土生木"，而且也只能是"土生木"。

假如依据其天然属性，把"水生木"改为"土生木"，那
么五行相生的整体次序必然也要随之做出调整。《淮南子·墬
形训》下述说法，可以为我们认识这一问题提供重要依据：

> 位有五材，土其主也。是故炼土生木，炼木生火，炼火
> 生云，炼云生水，炼水反土。

这里缺少五行中的"金"，而多出来个"云"。东汉高诱注曰：
"云，金气所生也。"换句话来说，"云"相当于"金"的另一
种表述形式。这样的解释，是符合《淮南子》本意的。

这是因为"位有五材"这段话是写在五行相胜的论述之
下的，在它的前面，先讲的是"音有五声""色有五章""味有
五变"，都是五行观念的延伸，所以这里的"五材"，也应该是
与五行相关的内容，大致相当于我在这里所讲的"五性"。其
次《淮南子》的下文又讲到"故以水和土，以土和火，以火化
金，以金治木，木复反土。五行相治，所以成器用"，明确讲
到"以火化金"，正与"炼火生云"句相应。两相比照，正知
土生木、木生火、火生金、金生水、水再生土乃符合物性的正
常次序。

值得注意的是，在上面引述的《左传》昭公二十九年那条
记载里，"木正曰句芒，火正曰祝融，金正曰蓐收，水正曰玄

冥，土正曰后土"云云，这段话对"五行之官"的排列次序，恰恰就是由木到火，再由火到金，由金到水，由水到土，同《淮南子·墬形训》讲述的五行相生次序完全一致，显示出在五行观念形成之初，就是这样的生成次序。

那么，董仲舒为什么要这样排列五行相生的序次呢？下面这段话，透露出其间的玄机：

> 木居左，金居右，火居前，水居后，土居中央，此其父子之序，相受而布。是故木受水，而火受木，土受火，金受土，水受金也。诸授之者，皆其父也；受之者，皆其子也。常因其父以使其子，天之道也。……故五行者，乃孝子忠臣之行也。……五行之随，各如其序，五行之官，各致其能。是故木居东方而主春气，火居南方而主夏气，金居西方而主秋气，水居北方而主冬气。是故木主生而金主杀，火主暑而水主寒，使人必以其序，官人必以其能，天之数也。土居中央，为之天润。土者，天之股肱也。其德茂美，不可名以一时之事，故五行而四时者，土兼之也。（董仲舒《春秋繁露·五行之义》）

这段话里的核心要义有二：第一，是五行与天道的关系；第二，是由天道决定的五行对人事的支配作用。进一步概括凝练，核心中的核心就"天道"这两个字。

哲学史专家们谈论的"天道"，往往神乎其神，简直就像所谓云中神龙一样，见首不见尾，不过在前面第一节里就已经讲到，在我看来，所谓"天道"是有具体的行迹可以察知的——青龙、朱雀、白虎、黄鹿（或玄武）之间的太阳视运动轨迹，就是所谓"天道"，这也就是《春秋繁露》所说的"天之道也"。

若是把董仲舒讲述的五行、五方排列方位图示如下，人们就能够更好地领略这个"天道"了：

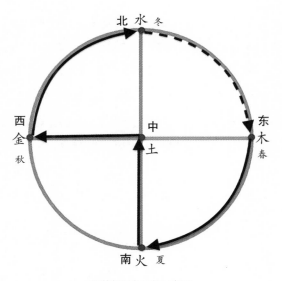

董仲舒五方五行示意图

图中相对位置关系的配置，是身处中央并面向读者以定前、后、左、右；而五行运行的次序是始自木而迄于水，依据的是《春秋繁露》所说"木，五行之始也；水，五行之终也"，故由水再移转至木的运行，乃具有独特意义，即意味着返本归宗，转入下一个轮回，故图上以虚线示之。

通过这幅图，我们可以直观地看出，这木 → 火 → 金 → 水"四性"，对应着春、夏、秋、冬四时，正是天道运行的基本次序。《春秋繁露》说五行始于木而终于水，体现的也就是这个周期。问题是作为太阳视运动的过程，在这个周期当中是容不得中央那个"土"存在的。

在前面的第九节里已经讲过，徒有四方而空缺中央这一要素的方位体系，本来是立体的空间坐标，在其上方还有一个天顶存在。不过在这个坐标体系当中的四方，从很早起就有了四色的配置。回顾前面第九节的论述，可以看到，至迟在秦襄公八年初作西畤"祠白帝"时就已经普遍通行东青、南赤（或谓之朱、炎）、西白、北黄的匹配形式。若是进一步溯其渊源，当然比这还要早上很多，甚至有可能在四灵初行时就是如此。我推测古人以黑豕表征立体天穹之顶，很有可能也与这种四色观念有关。

需要注意的是，这样的四方、四色体系，构成了一个闭合的循环，容不得中央那个方位，当然也不需要增添另一种色彩，这也意味着当时还不可能具备系统的五行体系。因为以黑色豕彘作标志的另一项要素在形式上还无法进入这一循环系统，而没有五行循环这个基础，就难以建立五行之间的演替关系。

这种情况，伴随着人们把穹顶上的天极置放到天赤道平面上来，形成一套新的五方大地平面坐标体系，其标志性转变就是所祠祀的天帝由青、赤、白、黄四帝替换成青、赤、白、黑、黄五帝。这五帝当然都是天帝，司马迁在《史记·封禅书》中直接称之为"上帝"，当然对人类社会生活的方方面面都会产生强烈的影响。五行之土被配置在中央之位，就是与之伴随而生的。

在这一背景下，在五行循环的体系内怎样编排中央之位与东、南、西、北四方的关系，就成为一个饶有兴味的问题。

董仲舒的办法，是把这个空间方位的中央之土排在了其巡行次第的中间，用他自己的话来讲，就是"土，五行之中也"。在五行巡行次序方面，董仲舒是把这个中央之土插在了南火西金之间，他还把这个次序阐释为"天次之序也"。

这样的编排并不是董仲舒的独创。在他之前，至迟在战国后期成书的《吕氏春秋》中我们就看到了同样的做法。尽管吕不韦在书中并没有专门而又明确地讲到这一点，但我们看他对四时十二月的论述，看他在季夏之月末尾插进去的"中央土"的叙述，就可以清楚地看出董仲舒对五行巡行次序的认识就是从《吕氏春秋》那里沿袭下来的。

《吕氏春秋》论四时十二月，本来是以太阳年的四时循环周期为基准：春、夏、秋、冬四时及其各自所领三个天文月。青、赤、白、黑（四灵中的黄鹿已经转换成了玄武）四色本来严格对应于春、夏、秋、冬四时，可也在季夏之月的末尾插入了五色中的另一色——黄色，当然那个大名鼎鼎的黄帝也是这样伴随着黄色硬插进来的。

不管是秦国的吕不韦，还是汉朝的董仲舒，他们这样安排中土黄帝的政治目的都是显而易见的，这就是突出人间君主至高无上的地位——而这正是五行观念已经上升成为一种社会政治思想的重要标志。这一点，我们从《春秋繁露》反复述说的"中央者土，君官也"这句话里可以得到具体的证明（《春秋繁露》之《五行相生》《五行相胜》《五行顺逆》）。

夹在四时十二月中的这个"中央土"就像盲肠一样多余。对这种很不自然的形态，董仲舒也勉强做了解释，这就是"土居中央，为之天润"。这里的"为之"是"谓之"的意思，苏舆在清末撰著的《春秋繁露义证》里已经做了说明；而"天润"的"润"，窃以为应是"天闰"的讹写。这意味着董仲舒不得不承认，居于四方中央的这个土，乃是四时循环的天道上多出来的一个赘疣。

这种不自然的状态，驱使我尝试换个角度来解析古人构建五行学说的逻辑。

前面引述司马迁"天有五星，地有五行"这句话，说明人类社会的五行观念直接产生于天穹上的五大行星。其实关于这一点，董仲舒早已明确指出过，这就是前面引述的他在论述五行之义时一开篇就讲到的话——"天有五行"。另外在《春秋繁露》的《五行对》里，他也讲到了同样的话，乃谓"天有五行，木火土金水是也"。这些情况，不能不让我从五大行星本身的状况来分析它们在五行学说当中的序次问题。

现代天文学上描述行星的基本状况，首先要提到的一项要素，是各个行星距离太阳的远近。这种远近状况，体现为一个清楚的序列：

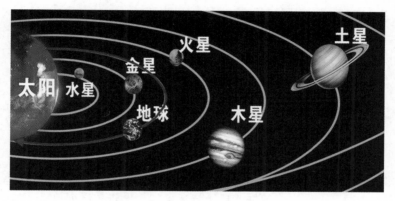

金木水火土五大行星序列

图中的地球自可置而不论，舍此而外，我们看董仲舒谓"水为冬，金为秋，……火为夏，木为春"，这水、金、火、木的排列次序，正是这四颗行星距离太阳由近而远的顺序。只不过为了迁就他对土星和土行位置的特殊安排，才强制而又十分别扭地设置曰"土为季夏"（董仲舒《春秋繁露·五行对》）。因为只有这样，才能万分勉强地同他所主张的"中央者土"相匹配。

假如我们在前示《五大行星被赋予五性之后的平面配置状况图》的基础上，依照这五星公转轨道与太阳之间的距离，用有向曲线，把它们由远及近联系起来，就会看到如下情形：

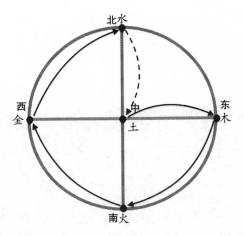

五大行星在五方配置体系中的生成关系示意图

若在同一个轨道上依据诸星距日远近的次序将其排列出来，将如下图所示：

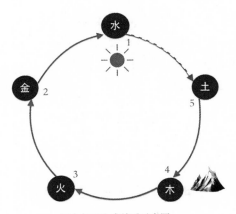

五大行星生成关系示意图

若把图中箭头指向视作五行相生的朝向，并暂且抛开那条虚线不谈，我们看到的五星排列次序便是由土星到木星，继之由木星到火星，再由火星到金星，最后复由金星到水星。要是直接把这金、木、水、火、土五星的排列次序替换成五行相生次序，便是土生木，木生火，火生金，金生水。

其更直观的表述形式是：土 → 木 → 火 → 金 → 水。这正是《淮南子·墬形训》讲述的"炼土生木，炼木生火，炼火生云（金），炼云（金）生水"，而图中那条虚线，体现的就是《淮南子·墬形训》接下来讲的"炼水反土"，即水生土，也就是开启下一个轮回（附案玉海堂影宋本《孔子家语·五帝》所载五行相生次序，与《左传》昭公二十九年及《淮南子·墬形训》所述相同，然此书出自后人赝作，不宜视作早期五行观念。其说乃采《左传》等书而成，说详清孙志祖《家语疏证》卷三）。

这样的五行相生次序，一则与星体的自然存在状况协调一致，不管对于古人还是今人，这样的思维逻辑都很顺畅。其实也只有这样，才会更加符合董仲舒五行相生之序"逆之则乱，顺之则法"的认识（董仲舒《春秋繁露·五行相生》）。二则符合金、木、水、火、土五性的生成关系，这一点在"土生木"上体现得最为充分。三则前述《逸周书·小开武》所述"五行一黑位水，二赤位火，三苍位木，四白位金，五黄位土"，其前后次序是木 → 火 → 金 → 水 → 土，这排列次序乍看起来似乎与上述做法有所不同，但实际上只是把无限循环的五行序列，换了个不同的起点，即始于木而不是始于土，其前后相生次序是完全一致的。由于《逸周书·小开武》所记大致可以说是目前所知年代最早的五行排列次序，因而也可以从一个侧面印证这种排列形式应属最初的五行次序。

我认为，五行观念发展成为一种普遍的社会政治学说的基础，首先就是在五天帝崇祀的基础上，通过五行观念同五天帝的结合，使得论者能够借助五天帝的神圣性，让五行观念具备了强烈的权威性，这种权威性又推动五行学说迅速向社会生活各个方面推衍，于是就形成了几乎无所不包的五行学说。

前面谈到，所谓木 → 火 → 金 → 水"四性"是对应着春、夏、秋、冬四时和东、南、西、北四方的，而这正是天道运行的基本次序。《史记·天官书》如下一段记载，清楚地体现出这样的次序：

> 二十八舍主十二州，斗秉兼之，所从来久矣。秦之疆也，候在太白，占于狼、弧。吴、楚之疆，候在荧惑，占于鸟衡。燕、齐之疆，候在辰星，占于虚、危。宋、郑之疆，候在岁星，占于房、心。晋之疆，亦候在辰星，占于参、罚。

若是用一个简明的表格来表述的话，上面的内容可以概括为：

方位	四时	国名	行星名
东	春时	宋国、郑国	岁星（木星）
南	夏时	吴国、楚国	荧惑（火星）
西	秋时	秦国	太白（金星）
北	冬时	燕国、齐国、晋国	辰星（水星）

值得注意的是，这里没有填星亦即土星的位置，也没有设定中央之区的占候。这当然不是粗心的疏忽，而正反映出系统的五行学说形成之前的状况。

《史记·天官书》接下来这段话，体现的就是继此之后发生的情况了：

> 及秦并吞三晋、燕、代，自河山以南者中国。中国于四海内则在东南，为阳；阳则日、岁星、荧惑、填星；占于街南，毕主之。其西北则胡、貉、月氏诸衣旃裘引弓之民，为阴；阴则月、太白、辰星；占于街北，昴主之。

请注意，填星亦即土星被列入各地占候之星，是在秦吞并六国之后，这也是在系统的五行学说形成之后才衍生出来的观念。

十二　太一生水与所谓汉初火德

谈到五星五行的排列次序，在此就不能不顺便谈一谈"太一生水"的问题。

"太一生水"是郭店楚简中的一篇；更清楚地说，是这篇战国竹书开头的第一句话。现在整理者就把这句话题作这篇竹书的篇名。自从发现以来，学者们多从抽象的思想史角度对其加以解说，然而在我看来，尽管其间蕴含着深奥的哲学思想，但是在它的基底，却是对天体构成及其变动状况的阐释。

下面主要依据李零先生的释文，抄录此《太一生水》篇于下：

> 大一生水，水反辅大一，是以成天。天反辅大一，是以成地。
>
> 天地〔复相辅〕也，是以成神明；神明复相辅也，是以成阴阳；阴阳复相辅也，是以成四时；四时复相辅也，是以成沧燃；沧燃复相辅也，是以成湿燥。湿燥复相辅也，成岁

而止。

　　故岁者，湿燥之所生也；湿燥者，沧燃之所生也；沧燃者，〔四时之所生也〕；四时者，阴阳之所生〔也〕；阴阳者，神明之所生也；神明者，天地之所生也；天地者，大一之所生也。

　　是故大一藏于水，行于时，周而又〔始，以己为〕万物母；一缺一盈，以己为万物经。此天之所不能杀，地之所不能埋，阴阳之所不能成。君子知此之谓〔○，不知者谓○〕（李零《郭店楚简校读记（增订本）》）。

需要稍加说明的是：文中"大一"即"太一"的另一种写法。"沧热"原作"仓然"，"仓"即"沧"，寒冷意；"然"即"燃"，暑热意。合之，"沧燃"犹言"冷热"。释读起来，稍显复杂的是"神明"二字。通读上下文，"神明"两字，应是相对为文，即"神"与"明"相对，故这里的"神"字当作"昏"义，"神明"犹言"昏明"，乃昼夜之别。

　　这样，全篇通读，文义如下（○表示阙文）：

　　〔天帝〕太一降生为北方水位之帝，北方水位之帝反过来与〔天帝〕太一为辅，就生成了天。

　　天反过来与〔天帝〕太一为辅，就生成了地；

　　天地再相互为辅，就生成了〔昼夜〕昏明；

　　昏明再相互为辅，就生成了阴阳〔两极〕（案指冬夏二至）；

阴阳再相互为辅，就生成了〔春夏秋冬〕四时；

四时再相互为辅，就生成〔温度〕冷热；

冷热再相互为辅，就生成了〔气候〕湿燥。

湿燥再相互为辅，就生成了一岁。

因而所谓一岁，乃是由〔气候〕湿燥生成的；

所谓〔气候〕湿燥，乃是由〔温度〕冷热生成的；

所谓〔温度〕冷热，乃是由〔春夏秋冬〕四时生成的；

所谓〔春夏秋冬〕四时，乃是由阴阳〔两极〕（亦即冬夏二至）生成的；

所谓阴阳〔两极〕（亦即冬夏二至），乃是由〔昼夜〕昏明生成的；

所谓〔昼夜〕昏明，乃是由天地生成的；

所谓天地，乃是由〔天帝〕太一生成的。

所以〔天帝〕太一隐身于北方水位之帝，运行于时序当中：周而又始，以己为万物母；一缺一盈，以己为万物经。这是天所不能杀灭、地所不能厘定、阴阳所不能生成造就的。君子知悉这一点的叫作○；不知道的叫作○。

按照我的通解，这段文字中最关键是"太一生水"问题。

通过前文的论述，我们已经知道，太一为天极的具体名称，也不妨称作天极之神。同样依据前文所做论述可知，五行之水位和五星中的水星，都是被配置在北方的。东汉大儒郑玄云"天一生水于北，地二生火于南，天三生木于东，地四生金于西，天五生土于中"（唐孔颖达《礼记正义》卷一四《月令》引郑玄注《周易·系辞》语），实质上讲的也就是这个配置。

所谓"太一生水"，按照前面第十节谈到天帝太一分身为四方诸帝时所阐释的原理，是指天帝太一以化身降生为北方水位之帝，而在天文层面上，这个北方之帝就是水星。在了解相关天文历法知识以后，我想，"太一生水"更深的内涵，并不仅仅局限为水星一星，而是以金木水火土五大行星循环周期卒始点上的水星来代表所有五星。在古人眼里，正是这在天赤道上巡行的五星（尽管实际上应是黄道而不是天赤道），与空中极顶的太一相互为辅，才构成了所谓立体空间的"天"（或者称之为《尚书·顾命》所说的"天球"）。

至于《太一生水》的通篇解读，上述释文中实际都已经讲出，不过对这段文句的天文含义，还需要稍微串讲一下。

太一生水之后与天极太一相互为辅所构成的天（或称"天球"），作为一个整体，反过来再与天球顶点上的太一相互为辅——这实质上是讲，相对于这个倒覆着的天球，下面是平展的大地。之所以接下来讲到天地再相互为辅就生成了〔昼夜〕昏明，是缘于太阳从地面上升到天空，且复又由天空降落到地面之下，从而造成了昼明夜昏的交替，这就是前面第六节谈到的《吕氏春秋》所说"日夜一周"。到此为止。在天文意义上，讲的都是地球自转的效应。如前面第八节所述，在古人眼里，这种昼夜变化乃是太一自身在原地回环的结果。

接下来是讲太阳视运动的周年运转，也就是地球公转带来的周期性变化。前面第八节里已经讲到，在古人眼里，这种变化乃是太一周年运转的体现。夜昏昼明的持续演替，生成了相互对应、相辅相成的阴阳两极，此即董仲舒所云"天两有阴阳之施"（董仲舒《春秋繁露·深察名号》），而这实际上是指冬、夏二至这两个时点。当然，作为特定的时段，也可以将其理解为冬半年和夏半年。《礼记·礼运》云太一"转而为阴阳，变而为四时"，这句话就更直接地讲明了在古人眼里阴阳变化乃是出自太一的运转。

董仲舒云"阴阳之行，终各六月，远近同度，而所在异处"（董仲舒《春秋繁露·天辨人在》），复谓"阳气始出东北而南行，就其位也；西转而北入，藏其休也。阴气始出东南而北行，亦就其位也；西转而南入，屏其伏也。是故阳以南方为位，以北方为休；阴以北方为位，以南方为休"（董仲舒《春秋繁露·阴阳位》），讲的就是冬、夏这两个半年之间的对立和转换。又《淮南子·天文训》复述云"夏日至则阴乘阳，是以万物就而死；冬日至则阳乘阴，是以万物仰而生"，同样清楚体现了阴阳之义与太阳视运动运行周期，亦即太一周年运转的对应关系。

《太一生水》中昏明（神明）相辅以成阴阳的说法，让我想到前面第七节讲到的敖汉旗兴隆沟遗址出土的那两条猪首石龙。那两条猪首石龙弓身相对，似乎略具太极图形。再看那两条石龙，猪嘴一张一闭，好像也是出自刻意的安排，其是否具有阴阳相对的寓意，颇为耐人寻味。我们看上引《春秋繁露》和《淮南子》对阴阳转换化生过程的描述，当时若是出现这样的观念，也是合乎情理的。

《易经·系辞》所云"易有太极，是生两仪，两仪生四象，四象生八卦"，其实这太极、两仪在天文历法上的本初意义也就是太一运行生成的阴、阳两极，亦即冬、夏二至。这一点，对照看一下《吕氏春秋》所云"太一出两仪，两仪出阴阳"（《吕氏春秋·十二纪》之《仲夏纪·大乐》），太一蜕化为太极的迹象，是显而易见的。而与四象、八卦相对应的天文历法要素则是四时和四时加四维的"八气"，《易经·系辞》下文所说"变通莫大乎四时"这句话以及"寒往则暑来，暑往则寒来，寒暑相推而岁成焉"云云，便可以很好地证明由太极到八卦这一衍变序列的内在逻辑。又董仲舒在《春秋繁露·循天之道》中讲述说："阳之行，始于北方之中，而止于南方之中；阴之行，始于南方之中，而止于北方之中。阴阳之道不同，至于盛，而皆止于中；其所始起，皆必于中。中者，天地之太极也。"这段话，就很好地阐释了所谓太极同阴阳两极的关系。另外，如上所述，对这阴、阳两极在一岁之内周期性的此消彼长对转变换，董仲舒在《春秋繁露》的《阴阳出入》篇和《天道无二》篇等篇章中还做有很具体的描述，感兴趣的人，稍加展读，即可清楚知晓。

相互参证上述情况，兴隆沟遗址中相对摆放的那两条猪首石龙，似乎可以理解为把太阳视运动周期等分为二后的这两个大的阶段，后世太极符号正是由此演变而来的。

《太一生水》篇接下来的文意，是阴阳两极在相互为辅、相互转化的过程中，又形成了春、夏、秋、冬四时。四时的变化，又带来了温度的冷热变化；气温的冷热变化，又生成了气候的湿燥交替；湿季、燥季的一个轮回转换，就完成了太一的一岁之行。

下面的内容，是把前后次序倒转过来，重新讲述了一遍上述转换关系。最后，是一段总括性的论述。其中"太一藏于水，行于时，周而又始，以己为万物母；一缺一盈，以己为万物经"这段话，更加清楚地点明了古人对太阳周年视运动本质的认识——在他们的眼里，这实质上是天极太一的隐身运行。

与此四帝四時及五帝五時五行问题相关的，还有汉初尚赤与汉得火德的问题。这个问题，是刘向、刘歆父子在西汉末年提出的，其说见于《汉书·郊祀志》卷末的赞语：

> 刘向父子以为帝出于震，故包羲氏始受木德，其后以母传子，终而复始。自神农、黄帝下历唐虞三代而汉得火焉。故高祖始起，神母夜号，著赤帝之符，旗章遂赤，自得天统矣。

简单地说，刘向、刘歆父子这套说法，是为阐扬他们编造的三统之说，并且还融入了本来与之毫无关系的《周易》内容（按这样讲《周易》只是就其本身而言，与十翼之传无关），本来无须深究。不过上文"高祖始起，神母夜号，著赤帝之符，旗章遂赤"这几句话，是刘向、刘歆父子二人为阐扬其说而举述的例证，对这些内容，在这里却有必要适当加以说明。

所谓"高祖始起，神母夜号，著赤帝之符"事，是刘邦做亭长时，押送刑徒去往郦山，没走多远，就有很多刑徒逃亡而去。刘邦一看这种情形，估计等到达目的地时他们恐怕就会全部逃光了。

在这种情况下：

> 到丰西泽中，止饮，夜乃解纵所送徒，曰："公等皆去，吾亦从此逝矣。"徒中壮士愿从者十余人。高祖被酒，夜径泽中，令一人行前。行前者还报曰："前有大蛇当径，愿还。"高祖醉，曰："壮士行，何畏！"乃前，拔剑击斩蛇。蛇遂分为两，径开。行数里，醉，因卧。后人来至蛇所，有一老妪夜哭。人问何哭，妪曰："人杀吾子，故哭之。"人曰："妪子何为见杀？"妪曰："吾子，白帝子也，化为蛇，当道，今为赤帝子斩之，故哭。"人乃以妪为不诚，欲笞之，妪因忽不见。后人至，高祖觉。后人告高祖，高祖乃心独喜，自负。诸从者日益畏之。（《史记·高祖本纪》）

上面引述的内容看起来很长，目的是想让大家清楚地了解这一事件的来龙去脉，以避免主观认识的偏失。窃以为刘向、刘歆父子乃是将刘邦斩蛇一事理解为赤帝战胜白帝的象征，而所谓"赤帝子"自然是刘邦本人，"白帝子"只能是后来素车白马向其授降的秦王子婴。

然而若是秦帝为白帝之子，汉君乃赤帝之子，就德运而言，是以汉之火德对秦之金德，这同其他关于秦、汉两朝德运的记载以及五行相生抑或相胜的学说都扞格难通。于是，顾颉刚先生便只能以刘向、刘歆父子为张扬己说而刻意伪造其事解之（顾颉刚《五德终始说下的政治和历史》，见《古史辨》第五册）。

其实汉初尚赤，尚别有强证，此即《史记·淮阴侯列传》所记韩信在井陉以"汉赤帜二千"大胜赵王歇事，也就是刘向、刘歆父子所说刘邦"著赤帝之符，旗章遂赤"之事。当年钱穆先生与顾颉刚先生讨论阴阳五行事，乃谓"把方位配五行颜色之说，在战国时早已盛行，所以秦襄公自以居西陲而祠白帝，汉高祖起兵，自称赤帝子杀白帝子，民间只知秦在西方是白帝子，楚在南方是赤帝子"。钱氏还举述秦末东阳少年异军苍头特起事（按事见《史记·项羽本纪》）以为佐证，谓此等苍头军亦与东方苍帝即青帝相匹配。这就是汉代初年以方位配诸色诸帝的实际情况，同五行相生抑或相胜略无干涉，故汉初信奉的德运仍然只是水德，绝无改行火德之事（钱穆《评顾颉刚〈五德终始说下的政治和历史〉》，见《古史辨》第五册）。

今案结合前述诸色诸帝的方位配置情况，愈可知钱穆所说信而可从，我们也能更为透彻地理解"高祖始起，神母夜号，著赤帝之符，旗章遂赤"这些事的真实缘由。

十三 五行学说与战国秦汉政治

在五行观念衍变为一种社会政治学说的历程中，有三个人物具有标志性意义。一个是战国后期的驺衍（或作"邹衍"），一个是秦之相国吕不韦，还有一个是西汉中期的董仲舒。上述三人之外，另外还需要提及一个重要人物，这就淮南王刘安。

关于董仲舒的五行学说，一般性的讲说，世间论者已多，虽然在我看来，还颇有未达肯綮之处，而深入的探究则需要耗费很多功力；对淮南王刘安的研究，更需要聚精会神，逐一梳理解析。总的来说，敝人一时还无暇顾及，需留待他日再加以详细研究。现在在这里，只是重点谈谈我对驺衍和吕不韦两人五行观念的理解。

驺衍齐人，其政治思想，内容相当丰富。在五行学说方面，他大力弘扬所谓"五德终始"之说（《史记·孟子荀卿列传》裴骃《集解》引刘向《别录》），曹魏人如淳谓"其书有《五德终始》，五德各以所胜为行"（《汉书·郊祀志》上唐颜师古注引曹魏如淳说）。其实驺衍这部书本名只称《终始》（《史记·孟子荀卿列传》《汉书·艺文志》），如淳不过是把此书主旨添增在了书名里面而已。驺衍另外还著有《主运》一书，司马迁称驺衍"以阴阳主运显于诸侯"，如淳谓"今其书有《主运》"，乃谓"五行相次转用事，随方面为服"（《史记·封禅书》并裴骃《集解》）。

通观驺衍的思想，从认知的路径和表述的形式这两方面来看，可谓博大宏通又具体而微，极具感召力和影响力，史称"王公大人初见其术，惧然顾化"，不仅"重于齐"，在他的家乡混得风生水起，而且还周游列国，所到之处，无不被当地王公奉为上宾。如驺氏"适梁，惠王郊迎，执宾主之礼。适赵，平原君侧行撇席。如燕，昭王拥彗先驱，请列弟子之座而受业，筑碣石宫，身亲往师之"（《史记·孟子荀卿列传》）。

简单地说，驺衍是从时间的恒久性和空间的无限性这两方面着眼来概括宇宙间的普遍规律，故"其语闳大"，而对所认知的宏观规律，他是通过具体而微的事例来加以阐释的，即"必先验小物，推而大之，至于无垠"。

在历史方面，驺衍是"先序今以上至黄帝，学者所共术，大并世盛衰，因载其机祥度制，推而远之，至天地未生，窈冥不可考而原也"。在这无始无终、无边无际的浩瀚宇宙之间，他在"深观阴阳消息"之后提出人世间是在经历一种"怪迂之变"，即谓"天地剖判以来，五德转移，治各有宜，而符应若兹"（《史记·孟子荀卿列传》）。这种所谓"阴阳消息"，当然首先是四时演替等天行规律对人类社会的影响（《史记·太史公自序》），所以江湖上才会给予驺衍"谈天衍"的名号（《史记·孟子荀卿列传》），其中必然要包括前面谈到的五帝、五行等诸项要素。在此基础之上，驺氏才能建立起他的"五德终始"或"五德转运"学说。

驺衍的思想观念在五行学说发展史上具有极其重要的地位。这样评价，不仅是因为驺衍的"五德终始说"乃首次基于阴阳五行而建立起一套社会政治学说，而且这一学说还对战国秦汉时期的政治发展造成了重要影响。

司马迁撰著《史记》，在列举了驺衍在齐、梁、赵、燕诸国大受欢迎的情景之后，发表了下面这样一段议论：

> 其游诸侯见尊礼如此，岂与仲尼菜色陈蔡，孟轲困于齐梁同乎哉！故武王以仁义伐纣而王，伯夷饿不食周粟；卫灵公问陈，而孔子不答；梁惠王谋欲攻赵，孟轲称太王去邠。此岂有意阿世俗苟合而已哉！持方枘欲内圆凿，其能入乎？

这里是拿伯夷、孔丘、孟轲的遭际与驺衍对比，言一个人的政治主张再好，若是与世俗毫不妥协，就如同方形的榫头无法插入圆形的卯眼一样，那是无法实施于现实社会的。

那么，驺衍是曲学阿世但求荣华富贵的市井小人吗？譬如像那个李斯那样，只要主子喜好，想听什么就顺着他讲什么，只是灰老鼠般一心向大粮仓顶上爬吗？不是，完全不是。

司马迁说驺衍创建自己学说的缘由，是鉴于当时"有国者益淫侈不能尚德，若《大雅》整之于身、施及黎庶矣"。这些诸侯王们未能像《诗经·大雅》首篇《文王》所要求的那样"无念尔祖，聿修厥德。永言配命，自求多福"，盖"殷之未丧师，克配上帝。宜鉴于殷，骏命不易"。即谓诸国君主皆未能先顺应天意，端正己身；再恭敬行事，造福于民。所以，驺衍讲学尽管看似"闳大不经"，"然要其归，必止乎仁义节俭，君臣上下六亲之施"，不过"始也滥耳"（《史记·孟子荀卿列传》）。如唐人司马贞所释，仲尼、孟子之所以"菜色困穷"，不就是因为他们主张"法先王之道，行仁义之化"（《史记·孟子荀卿列传》唐司马贞《索隐》）吗？驺衍的政治追求同孔孟之类的儒家大师岂不相当接近！

正因为如此，司马迁接下来揣测说：

> 或曰，伊尹负鼎而勉汤以王，百里奚饭牛车下而缪公用霸，作先合，然后引之大道。驺衍其言虽不轨，傥亦有牛鼎之意乎？

即谓伊尹利用掌厨的机会怂恿商汤，使其终成王者；百里奚借助在牛车下吃饭的机会接近秦穆公（即《史记》所称"缪公"），令其称霸诸侯。这两个人都是先另辟蹊径令执政者与自己相投契，然后再把他们带入自己所主张的正道，驺衍游说诸侯的话讲得虽然不大着调，但他是不是也揣有伊尹和百里奚的志向呢？

　　驺衍的思想，固然不是出自儒家，溯其渊源，应是来自阴阳家。老太史公司马谈，概括举述战国以来六家思想学说，其首推之说，就是这个阴阳家：

　　　　尝窃观阴阳之术，大祥而众忌讳，使人拘而多所畏，然其序四时之大顺，不可失也。……夫阴阳、四时、八位、十二度、二十四节各有教令，顺之者昌，逆之者不死则亡。未必然也，故曰"使人拘而多畏"。夫春生夏长，秋收冬藏，此天道之大经也，弗顺则无以为天下纲纪，故曰"四时之大顺，不可失也"（《史记·太史公自序》）。

所谓"四时之大顺"与"天道之大经"，"弗顺则无以为天下纲纪"，这也是驺衍"五德终始"学说的内在神髓。因为如前所述，五行观念即依托于四时循环的天道而生，所谓"五德终始"也是由上天五星的运行状况衍生而来。《史记·历书》论历制渊源，乃谓"战国并争，在于强国禽敌，救急解纷而已，岂遑念斯哉！是时独有邹衍，明于五德之传，而散消息之分，以显诸侯"，这话就清楚地体现出驺衍五行学说同天文历法的内在联系。又驺衍论学治世"必止乎仁义节俭，君臣上下六亲之施"，也正是由于他深信阴阳、四时等天之教令不可违逆，"顺之者昌，逆之者不死则亡"。此乃驺衍"五德终始说"的真谛和精髓所在。

　　昔晋人谯周撰《古史考》，尝就司马迁所说驺衍"牛鼎之意"论之曰："观太史公此论，是其爱奇之甚"(《史记·孟子荀卿列传》唐司马贞《索隐》)。这实在是因未能深悉驺氏学说而妄作皮相之谈，司马迁将驺衍与孟、荀二子同传，看重的就是他的经世追求，而非徒求耸动诸侯以谋富贵。

正是由于驺衍并非一介功名利禄之徒，而是一贯恪守自己的道义追求，所以，尽管其"迂大而闳辩"的学说颇能打动人主，并令驺衍显赫一时，其后却"不能行之"(《史记·孟子荀卿列传》)，而且"燕齐海上之方士传其术"者也"不能通"(《史记·封禅书》)。其中的奥妙就是驺衍之术的内在核心乃是循天道，行人事，而这并不是在弱肉强食的战国社会能够行得通的。

驺衍在列国之间既尊显一时，久之其说又不为各国行用，乃是缘于他的学说本身存在着重大的矛盾。

一方面，他在"五德终始"学说中对五德发生次序的设置，是"五德从所不胜"，即把被胜者依次排列在胜之者的后面，即土德之后乃木德继之，其后金德次之，火德再次之，水德又次之（当然，在水德之后，一定还会再有土德次之，这样才能进入下一个轮回）。具体落实到历代政权的更迭上，便是虞土—夏木—殷金—周火(《文选》卷六晋左思《魏都赋》并卷五九南朝沈约《齐故安陆昭王碑文》之唐李善注引驺衍五德终始学说)。

依据这样的设置，当时名义上的列国共主火德之周，随后必然要被某一水德新朝所取代。正是这一必然的前景，激起

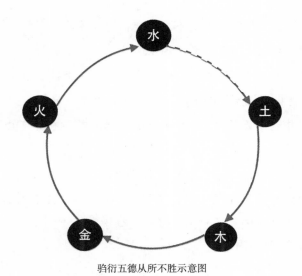

骓衍五德从所不胜示意图

各方诸侯浓烈的兴趣——因为这为他们争夺天下提供了合理的依据。

　　然而如前所述，骓衍五行学说的基础，是阴阳家。在《汉书·艺文志》中，也正是把《终始》等骓衍的著述都列在诸子略的阴阳家内。而如上所述，"夫阴阳、四时、八位、十二度、二十四节各有教令，顺之者昌，逆之者不死则亡"，天律如此，不能不"使人拘而多畏"；《汉书·艺文志》亦谓"阴阳家者流，盖出于羲和之官，敬顺昊天，历象日月星辰，敬授民时，此其所长也。及拘者为之，则牵于禁忌，泥于小数，舍人事而任鬼神"。

　　显而易见，膺承天命，敬而受之，这才是骓衍指给各方诸侯的德运，即只宜顺取而不可横夺，这样才能实现其"止乎仁义节俭、君臣上下"的政治追求。这也是驺衍但云"五德从所不胜"而不言"五德相克"的道理。无奈这是各路诸侯谁也不想做、想做也做不到的事情。

兼并他国甚至想要一统天下的各路诸侯，虽然谁也不会静等天上掉下来块大饼落到自己的头上，可治国和打天下不同，所谓逆取顺守，才是天下长治久安之术。于是，在战国末年，秦之相国吕不韦撰著《吕氏春秋》，提出一整套治国的思想，想要依此来辅佐其子赵正（按指生物学意义上的父子），永葆江山社稷。

很久以来，相关研究者往往把《吕氏春秋》看作是吕不韦指令门下宾客七手八脚地攒成的一部书籍（《四库全书总目》卷一一七《子部·杂家类》），实则此书完全出自吕氏自撰，门下的宾客只是帮助他搜罗素材而已（《史记》之《吕不韦列传》《十二诸侯年表》）。其实只要认真通读此书，就不难发现，这是一部结构谨严而又体制精整的著述，必定是由一人精心结撰而成，绝非众手杂凑所能为者。

吕不韦自言其书宗旨系法天地而"为民父母"（《吕氏春秋·十二纪》之《序意》），这正是阴阳家的基本思想，即司马谈所说循天道以为天下纲纪（《史记·太史公自序》）。按照遵循天道以行政事的治国理念，吕不韦把当时普遍流行的五行观念也编织到了他思想体系当中。

《吕氏春秋》全书是由"《八览》《六论》《十二纪》"三大

部分构成（《史记·十二诸侯年表》），其中《十二纪》部分集中而又系统地体现了吕氏的天道观。

所谓"十二纪"，是以一个太阳年内的四时十二天文月为纲领和主导脉络，来构建和阐释其各项治国理民的理念。吕不韦在这个由四时十二月体现的太阳视运动轨迹上添附了很多自然和社会文化的要素，五行也被包括其内。

在《吕氏春秋·十二纪》诸纪的首篇，随着四时十二月的变化，依次列有下面这样一些内容：

《吕氏春秋》四时十二月事表

时	月	方位	日	帝	神	蟲	音	数	味	臭	祀
春	孟春	东方	甲乙	太皞	句芒	麟	角	八	酸	膻	户祭先脾
	仲春		甲乙	太皞	句芒	麟	角	八	酸	膻	户祭先脾
	季春		甲乙	太皞	句芒	麟	角	八	酸	膻	户祭先脾
夏	孟夏	南方	丙丁	炎帝	祝融	羽	徵	七	苦	焦	灶祭先肺
	仲夏		丙丁	炎帝	祝融	羽	徵	七	苦	焦	灶祭先肺
	季夏		丙丁	炎帝	祝融	羽	徵	七	苦	焦	灶祭先肺
		中央	戊己	黄帝	后土	倮	宫	五	甘	香	中溜祭先心
秋	孟秋	西方	庚辛	少皞	蓐收	毛	商	九	辛	腥	门祭先肝
	仲秋		庚辛	少皞	蓐收	毛	商	九	辛	腥	门祭先肝
	季秋		庚辛	少皞	蓐收	毛	商	九	辛	腥	门祭先肝
冬	孟冬	北方	壬癸	颛顼	玄冥	介	羽	六	咸	朽	行祭先肾
	仲冬		壬癸	颛顼	玄冥	介	羽	六	咸	朽	行祭先肾
	季冬		壬癸	颛顼	玄冥	介	羽	六	咸	朽	行祭先肾

这里虽然从字面上看似乎没有五行，可实际上表中的五方之神句芒、祝融、后土、蓐收、玄冥，正是上一节引述的《左传》昭公二十九年那条纪事所谈到的木正、火正、土正、金正、水正这"五行之官"。由于这五行之官乃被"封为上公，祀为贵神"，所以《吕氏春秋》才会把他们列为五方之神。

若把《左传》昭公二十九年记述的五行贵神、五行相生的次序以及同时讲到的"社稷五祀"（即句芒、祝融、后土、蓐收、玄冥诸神的"原身"）用表格的形式加以表述的话，情形如下：

《左传》昭公二十九年五行事表

五行之官（五官）	神　名	社稷五祀
（1）木正⇩	句芒	重（少皞氏四叔之一）
（2）火正⇩	祝融	犁（颛顼氏之子）
（3）金正⇩	蓐收	该（少皞氏四叔之一）
（4）水正⇩	玄冥	修及熙（少皞氏四叔之二）
（5）土正⇩	后土	句龙（共工氏之子）

并观此《〈左传〉昭公二十九年五行事表》与前列《〈吕氏春秋〉四时十二月事表》，不仅可以清楚地看出句芒、祝融、后土、蓐收、玄冥五神正是分别标志着木、火、土、金、水五行，同时还可以看到，吕不韦在《吕氏春秋》中已经对原始的五行相生说做了重大改造。

吕不韦的改造很明显，就是把"土 → 木 → 火 → 金 → 水"的五行原生次序，调整为"木 → 火 → 土 → 金 → 水"。需要指出的是，相对于驺衍"五德从所不胜说"的"土 → 木 → 金 → 水 → 火"相从次序，看不出吕氏新说的"木 → 火 → 土 → 金 → 水"与之会有前后衍生的关系。这也从一个侧面反映出《左传》所记"土 → 木 → 火 → 金 → 水"之序乃是五行排列的原始状况。

那么，同样是基于原始的"土 → 木 → 火 → 金 → 水"五行生成次序，为什么吕不韦和驺衍二人对它做出了不同路径的改造呢？

按照驺衍的宇宙观和历史观，包括人类历史在内的天地万物，都有个自然发展的历程，"新德"胜于"旧德"就是这一发展历程的体现形式，而"新德"与"旧德"的更迭次序是先天预定的——这就是按照土、木、金、火、水五性的自然原理，居后的胜者为"新德"，在前的不胜者为"旧德"，周而复始，无限循环。

前面已经谈过驺氏五行学说的主要内容，是以五德各有终始体现的历史发展观，为各个诸侯国取周天子而代之提供"天理"的依据，然而这个"天理"却无法同太阳视运动的"天道"产生内在的联系。在驺衍的学说体系中，对所谓"五德终始"产生直接作用的因素，只是金木水火土这五行之"性"的相胜关系（即诸如水之胜火之类），这样也会使得他的说法缺乏足够的神圣性，因而也就不能更好地取信于人。从学理角度讲，这也是驺衍的"五德终始说"在世间终究"不能行之"的一项原因。

与驺衍不同的是，吕不韦设置的五行排列方式，着眼点首先是放在四时循环的天道体系上，即把五行纳入四时十二月之中，与之同步循行。

似此处置五行，吕氏首先应当是受到了五帝五方配置的影响。如上示《〈吕氏春秋〉四时十二月事表》所见，《吕氏春秋》同步匹配的先为五方五帝，虽然这五帝的名称为太皞、炎帝、黄帝、少皞和颛顼，并不是五天帝的雏形青帝、赤帝、黄帝、白帝和黑帝，但这应该是天帝人格化过程中的一种形态，实质上乃是青、赤、黄、白、黑五天帝的变身。

如前所论，青、赤、白、黑、黄五天帝按照东、南、西、北、中五个方位来配置，这应当形成于战国中期以后。在这一基础之上，吕不韦抓住五行同五天帝在"五"这个数目上的一致性，把诸行诸帝一一配比。五行与五天帝的密合匹配，无疑会增大五行学说的神圣性。

然而，若是想要把五帝、五行匹配到四时十二月体系中去，却存在着一个巨大的障碍，看上去几乎是不可能实现的。这就是不管是四时也好，还是十二月也罢，同五帝、五行以至五方之"五"都不存在倍数的关系，因而没有办法把五行均匀地匹配到四时十二月体系当中。

不得已，吕不韦只好在以春、夏、秋、冬四时配东、南、西、北、中五方的基础上，做出变通，硬是在夏时南方的尾巴后面，在季夏之月内强行塞入一个"中央"的方位，再把原来同这个"中央"方位相匹配的黄帝摆了进来。

吕不韦这样处置的缘由，是不管起初的四天帝也好，还是后来衍生的五天帝也罢，这些天帝自始至终都是与特定的方位和颜色相匹配的。而在四天帝时期，每一天帝更是与春、夏、秋、冬之中特定的一时密合无间的；也就是说，体现着春、夏、秋、冬四时的天帝，本来就是四时体系的有机构成部分。这样一来，吕不韦需要特别处置的，就只有这个后生的中央之帝了。

另一方面，如上一节所述，在五行学说形成的第二阶段，也就是进入战国中期以后，在系统的五行学说当中，五帝与五行的密切结合，基于五帝的五方属性，五行也就必然地具备了五方的属性，这一点在第十一节的《五大行星被赋予五性之后的平面配置状况图》和《五大行星在五方配置体系中的生成关系示意图》中都已经做出了清楚的表述。

在东、南、西、北、中五方当中，东、南、西、北四方与春、夏、秋、冬四时构成了完密的匹配关系，其逻辑基础是太阳视运动的四方循行，乃与其遍历东、南、西、北四方同步经行着春、夏、秋、冬四时，五行中的木、火、金、水四行也与其协调搭配。在这种情况下，只有那个后生的中央一方，实际上在天道循环的过程中是没有它的位置的，与之搭配的五行之土同样也与四时十二月不发生关系。

这样，为把五帝、五行配置到四时十二月天道运行体系之内，吕不韦只有强行把中央之土硬插在了季夏之月。从《〈吕氏春秋〉四时十二月事表》就可以看出，这显然出自一种强烈的主观意愿，是缺乏相应的逻辑基础的。

按照这一操作，处于季夏之月的土行才会依照四时十二月的次序被插到夏时的火行与秋时的金行之间，这样就呈现出"木 → 火 → 土 → 金 → 水"五行排列次序。对照第十一节的《董仲舒五方五行示意图》可知，这正是董仲舒的五行相生顺序，即董说乃是承自吕说。正是由于吕不韦这一番操作，才产生了董仲舒式的五行相生次序。显而易见，决定吕不韦和董仲舒五行相生学说的关键，是四时十二天文月所体现的天道。

余论： 人格化的黄帝与神格化的尧舜禹

了解从天极太一到五行学说的形成这一时段内相关天文历法及其附生问题的演变历程之后，我们还可以对中国上古史上一些重大问题提出一些新的解说。

司马迁撰著《史记》，以《五帝本纪》开篇。更早的史事是不是就没有什么可记的了？当然不是。在《五帝本纪》的末尾，太史公述云：

> 学者多称五帝，尚矣。然《尚书》独载尧以来；而百家言黄帝，其文不雅驯，荐绅先生难言之。孔子所传《宰予问五帝德》及《帝系姓》，儒者或不传。余尝西至空桐，北过涿鹿，东渐于海，南浮江淮矣，至长老皆各往往称黄帝、尧、舜之处，风教固殊焉，总之不离古文者近是。予观《春秋》《国语》，其发明《五帝德》《帝系姓》章矣，顾弟弗深考，其所表见皆不虚。《书》阙有间矣，其佚乃时时见于他说。非好学深思，心知其意，固难为浅见寡闻道也。余并论次，择其言尤雅者，

故著为本纪书首。

这段话不算很长，意思也并不十分复杂，司马迁却把它写得一波三折的，原因是这事实在不大容易说得清楚。

下面按照我的理解，用今天的话讲一下这段内容：

（1）关于华夏早期君主，很久以来，学者们就纷纷称道五帝。

（2）可是儒家经典《尚书》却对此避而不谈，只载述尧以下的历史。

（3）儒家之外诸家学说讲述的黄帝，言词荒诞，士大夫弄不清楚到底是怎么一回事儿。

（4）像孔子讲述过的《宰予问五帝德》及《帝系姓》这些著述，普通儒者又并无传承。

（5）除了文字记载之外，我在西至空桐、北过涿鹿、东渐于海、南浮江淮的游历过程中，当地长老大多都称述黄帝、尧、舜，可这些地方的文化风俗却大不相同。

（6）面对这种纷纭杳杂的局面，司马迁提出一条辨析真伪虚实的原则——和儒家古文经典大致吻合的应该比较可信。

（7）于是他再度审视《春秋》《国语》的记载，知晓这些书对孔子所传《五帝德》《帝系姓》的内容多有阐发，虽然尚且未加深考，但书中表现的史事都信实可靠。传世的《尚书》有所阙佚，不够完善，而这些脱佚的内容在其他著述中时时可见。除了某些好学深思而能心知其意的人，这些情况是很难同那些浅见寡闻者讲说的。

（8）在这里，司马迁综合论述相关史事，从相关记载中择取那些特别典雅的内容，写成这篇列在本纪之首的《五帝本纪》。

总括这段论述，太史公的意思，似可概括如下：虽然各地人们讲述的早期历史，大多都是以五帝之首的黄帝开端，可对黄帝以下五帝的叙述，却混乱不清（《史记·三代世表》亦谓黄帝以来终始五德之传"古文"的记载就颇有乖异，无一相同）；而儒家最权威的经典《尚书》，更只是从帝尧展开其历史叙述。万般无奈之中，司马迁不得不小心谨慎地选取那些最显典雅可信的内容，写成《五帝本纪》。

这样写出的《五帝本纪》，其帝君体系是：（1）黄帝，（2）帝颛顼，（3）帝喾，（4）帝尧，（5）帝舜，而其生身辈分关系，则如下图所示：

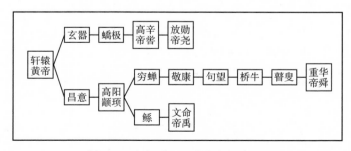

《史记·五帝本纪》之五帝辈分关系示意图

虽然帝位的传承顺序有些乱，但传来传去毕竟始终在同一血统之内，总还算得上是"家天下"。

唐人司马贞注释《史记·五帝本纪》上文，以为"不离古文者近是"句中的"古文"就是指《五帝德》和《帝系姓》这些书，而"《五帝德》《帝系姓》皆《大戴礼》及《孔子家语》篇名。以二者皆非正经，故汉时儒者以为非圣人之言，故多不传学也"（《史记·五帝本纪》唐司马贞《索隐》）。

这《孔子家语》，本来是一部很古老的书籍，见于《汉书·艺文志》的著录。不过司马贞讲的《孔子家语》，却已经不是它固有的面目。司马贞是唐开元年间人，比他更早的颜师古，在唐代初年就曾经指出，当时流行的文本即已迥非原貌了。

在唐代以来直至今天世间仍在流行的《孔子家语》中，有一篇叫作《五帝德》，司马贞讲的就是这篇东西。检读此本可知，其五帝的名称和排列顺序与《史记·五帝本纪》的记载完全相同。然而由于今本《孔子家语》乃是出自后人纂录，我们也就不能把它看作司马迁撰著《五帝本纪》的依据了。

另一方面，在《大戴礼记》里也有一篇《五帝德》，还有一篇同《帝系姓》相当的《帝系》。这两篇文献载录的五帝名称和顺序相同，都是"黄帝—帝颛顼—帝喾—帝尧—帝舜"，《史记·五帝本纪》与之完全相同。这充分证实了司马迁自己讲述的情况，《五帝本纪》的五帝体系主要出自"孔子所传《宰予问五帝德》及《帝系姓》"。

了解上述史实之后，或许有人会问：司马迁在《史记》当中书写的五帝史事应该真实可信了吧？包括历史学家和考古学家在内，现在有很多人确实是这么看的。催生这种认识的社会因素和文化背景，一是从学术角度很难理解也不宜叙说的某种主观意图，二是对"古史辨学派"的不认可。不管是出自其中哪一种原因，这些人都希望所谓五帝的故事都是真事儿，五帝当然更必须都是曾经活过的真人。在他们的眼中，这样的历史，才符合他们所期望的中国上古史面貌。

然而，学术研究的真谛在于实事求是，也只有实事求是的研究才真正具有学术价值。抛弃先入之见，平心静气地看待文献记载，展现在眼前的情景却不允许我做出这样的判断。

司马迁说在《五帝德》和《帝系姓》这些儒家系统的典籍之外，尚别有"百家言黄帝"，而"其文不雅驯，荐绅先生难言之"。同一个黄帝，却有千奇百怪这么多种说法，司马迁是根据自己的知识、认知逻辑和价值好恶做出了主观的甄选。然而，对于今日的历史研究者来说，他的抉择究竟有多大程度的合理性，还是需要再做斟酌的。

太史公自言"非好学深思，心知其意"者难以与之叙说他的依据与逻辑，用句我们现在谁都能听明白的大白话讲，就是这事儿既说不清，也道不明，只能是灵犀相通者心底里暗暗明白。

这就未免有些不可思议了。不管是书写历史，还是评论历史，其第一要义就是客观存在的史事。任何一个地区、一个民族早期口传的历史，都不同程度地与真相存在一定偏差，但这种偏差若是过大，其是否存在真实的事实依据，就值得怀疑了。

就司马迁本人的态度而言，他显然认为关于黄帝的传说，总的来说，还是比较可信的；换一个形式来表述，实际上司马迁是认为其可信性要大于不可信性。那么，为什么这么扭扭捏捏而非畅达自然地表述自己的认识呢？这是因为即使是在太史公很看重的"孔子所传《宰予问五帝德》及《帝系姓》"之中，也颇有那么一些"其文不雅驯，荐绅先生难言之"的内容。

譬如，《大戴礼记·五帝德》开篇即述云：

> 宰我问于孔子曰："昔者予闻诸荣伊令，黄帝三百年。请问黄帝者人邪？抑非人邪？何以至于三百年乎？"

按宰我即孔丘弟子宰予，字子我，就是被孔子骂作"朽木不可雕"的那个学生，而荣伊应该是个地名。这里是讲宰予向老师孔子请教，说他过去听荣伊令讲，黄帝活了三百年。那么，黄帝到底是不是个人呢？你要说他是个人，怎么能够活上三百年呢？

这实在是给老师出了个大难题。说这三百年的寿数是真的吧，未免太离奇了，不仅学生不会信，还会连带着丧失自己为师的威信；可说黄帝不是人是神吧，又违背了"不语怪力

宰予画像
（台北故宫博物院藏）

乱神"的原则；若说这纯属胡诌八扯吧，那面对普遍通行的黄帝传说，又怎么阐释帝尧以前的历史？当老师的，总不能答曰"不知道"吧？

不过孔夫子到底是大成至圣之师，不会被这个困局窘住，且看他如何破解。

孔子先是易守为攻，反诘宰予曰：

> 予！禹、汤、文、武、成王、周公可胜观也。夫黄帝尚矣，女何以为？先生难言之。

这段话翻译过来，就是说：宰予你这小子，夏禹、商汤、周文王、周武王、周成王，还有周公，他们的事迹就足够你看了。那个黄帝太久远了，你非刨根问底地问他干什么？这是知识丰富的长者也不易述说的事情。

这实际上是回避问题。为什么？太难讲了，实在说不清楚。无奈宰予就是认死理儿。你不是说我"朽木不可雕"吗？你能把我雕成个什么样并不重要，重要的是，你当老师的，得把事儿说清楚。

于是，他又义正词严地讲道：

> 上世之传，隐微之说，卒业之辨。暗昏忽之意，非君子之道也，则予之问也固矣。

按照我的理解，宰予乃回怼老师说，前世流传下来的那些隐微不明的说法，终究我们是要加以辨析的。自欺欺人，假装这些隐微不明的说法根本没有给我们造成混乱不清的意念，这不是正人君子处事之道。所以，我一定要向您讨教出个说法来。

球又被踢回来了。碰上这么个一根筋的学生，堂堂孔老夫子也只能徒唤奈何了。大概循着宰予的脑回路，我是"朽木"，哪怕一无所知也很正常，作为学生，不能不困而学之；可你是老师，还满天下标榜"有教无类"，"不可雕"也得对付着做出个雕的样子来。

被逼到墙角的孔子，不得不讲出了如下一段妙语：

> 黄帝，少典之子也，曰轩辕。生而神灵，弱而能言，幼而彗齐，长而敦敏，成而聪明。治五气，设五量，抚万民，度四方，教熊罴貔豹虎，以与赤帝战于版泉之野。三战，然后得行其志。黄帝黼黻衣，大带，黼裳，乘龙扆云，以顺天地之纪，幽明之故，死生之说，存亡之难。时播百谷草木，故教化淳鸟兽昆虫，历离日月星辰，极畋土石金玉，劳心力耳目，节用水火材物。生而民得其利百年，死而民畏其神百年，亡而民用其教百年，故曰三百年。

在支支吾吾、东拉西扯地讲了好长一大段话之后，实质性的解释，就"生而民得其利百年，死而民畏其神百年，亡而民用其教百年，故曰三百年"这几句话。然而这是什么话！那么较真儿的宰予能信吗？其实岂止宰予，要是他的老师孔子真的那么坚信这样的解释，何不门徒一问就脱口答之？从合理的思维逻辑来讲，黄帝的功业德行要是真的像孔子讲的那么崇高，不管是得其利、畏其神，还是用其教，都岂止百年而已哉！岂不万世相承，永无休止？

这真不符合孔夫子自己讲的为学之道——知之为知之，不知为不知。其实孔子在回答宰予另一个问题时所做的回答，倒比这老实多了，这就是宰予继续追问五帝之德时，孔子终于讲出的大实话——"予非其人也"。曹魏时人王肃具体解释这句话的含义乃是孔子自云其"言不足以明五帝之德也"（《史记·仲尼弟子列传》并刘宋裴骃《集解》）。用今天更通俗的大白话讲，就是孔子承认自己也说不清楚是怎么回事儿。

司马迁在《史记》中说，宰予为人最大的特点是"利口辩辞"（《史记·仲尼弟子列传》），但看他举述的例证，倒是在所陈述的事实面前把孔子难为得哑口无言。不得已，孔老夫子只能在内心中坚守自己的"理"。宰予不是"利口辩辞"，而是好学深思。

核实而论，针对这个问题，好学深思的宰予乃直截了当地指出了黄帝问题的核心——他到底是个人抑或不是个人？其实判别的方法很简单，就是宰予提问时实际遵循的准则：能够活到三百岁高寿的，当然绝不会是个人，而若不是人他又能是什么呢？答案也很简单：黄帝只能是尊神。

在这一前提下，让我们再来回看前面讲过的秦人祭祀的那位天帝黄帝，二者不正同为一事吗？换句话来说，我们又有什么理由把这两个黄帝区分开来呢？从作为天帝的黄帝，到名列五帝之首的黄帝，正向我们清晰地展现出一条衍化的痕迹——五帝之首的黄帝乃是天神黄帝的人格化。日本学者饭岛忠夫著《支那古代史と天文學》，开篇即谓"中国上古的传说往往与天文学相伴行"，实际上已经清楚指明了认识中国古史传说时代的正确途径——必须把探究中国古代天文知识的渊源作为解析中国文化起源的重要手段（《支那古代史と天文學》一《支那天文學の組織及び其起原》）。

司马迁在《史记·五帝本纪》中记载说"黄帝崩，葬桥山"，《汉书·地理志》最早记述了这个桥山所在的地方，乃谓此山在上郡阳周县南（按据《水经注》记载，阳周城故址大致在今陕西子长市境内），并明确记载说桥山上"有黄帝冢"。更重要的是，《汉书·地理志》还记载说，在王莽大举更改各地地名时，曾把阳周县改名为"上陵畤"。

与此相关的史事，是《汉书·王莽传》记载王莽在建新称帝之后，于始建国元年，便"遣骑都尉嚣等分治黄帝园位于上都桥畤"，宋人刘敞早已指出，此处"上都"应为"上郡"之讹（见庆元本《汉书》录刘氏批语）。须知王莽不仅博学，还"自谓黄帝之后"（《汉书·元后传》），这样的安排一定有充实的依据，绝不会随意胡来。

两相参证可知，所谓"桥畤"即桥山之畤，这同前面第九节所述秦襄公设白帝畤坛于西地而名之曰"西畤"、秦文公设

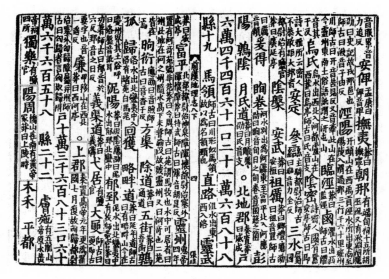

百衲本《二十四史》影印所谓景祐本《汉书》

白帝時坛于鄜地而称之为"鄜畤"等都是同样的命名方式，即在设畤地点原有的地名之后再缀加一"畤"字来作畤坛的名称，而这样的畤坛本来是专门用来祭祀天帝的设置。由畤坛名称这一由来可以清楚证实世人尊奉的人文初祖黄帝，确是由北方天帝演化而来。

更进一步看，王莽改称"阳周"为"上陵畤"，所谓"上陵"应是"上方帝陵"的含义。盖如前面第九节所述，古人一向以北为上，上畤乃谓北畤，战国秦汉上郡之"上"也是缘其位居北疆而得名，故"上陵"即犹如北方之帝的陵墓。这样看来，"上陵畤"者意即设在北方帝陵的畤坛。

需要特别指出的是，现在在陕北榆林神木县发现的石峁古石城遗址，其时代和位置，同历史文献中记载的这个黄帝陵显然具有密切的关联；或者说上古时期先民在石峁及其毗邻地带上的活动，正是黄帝文化产生的基础。阐明这一点，对解析中华文明的早期发展历程具有极其重要的意义。

至于《史记·五帝本纪》中黄帝以下颛顼等四帝的性质，简单地说，这些帝君都应该是神格化的尘世君主，而且这些君主原本未必属于同一地域、同一血统、同一族属，其同归于一个前后相承的体系之中，应属人为构建的结果。

当孔子十分勉强地向宰予讲述了他心目中的黄帝之后，孰料这位不识眉眼高低的学生复又继续追问颛顼以下直至夏禹的诸位帝君。

孔子恼怒地说："女欲一日辩闻古昔之说，燥哉予也！"同黄帝一样，他们假如真切无疑、实实在在，不也是肉眼凡胎的人嘛。比如，我们根据《史记》《汉书》来讲秦始皇、汉武帝，当然三言两语就可以说出他们的基本状况，为什么颛顼以至夏禹这些帝君就没法说了呢？怎么这么正常的疑问让孔夫子这么恼火呢？

《韩非子·显学》中讲的这段话，事实上已经向我们道破了孔子的窘迫——这就是世之论者皆缺乏清楚的事实依据："孔子、墨子俱道尧舜，而取舍不同。皆自谓真尧舜，尧舜不复生，将谁使定儒墨之诚乎？殷周七百余岁，虞夏二千余岁，而不能定儒墨之真，今乃欲审尧舜之道于三千岁之前，意者其不可必乎？无参验而必之者，愚也；弗能必而据之者，诬也。故明据先王、必定尧舜者，非愚则诬也。"

尽管看到老师已经恼羞成怒成了这个样子，喜欢刨根问底的宰予还是不想放过，而且他还固执地反诘曰：

昔者予也闻诸夫子曰："小子无有宿问。"

意思是老师息怒，我这么紧追不放，是因为过去听您老人家讲认真求学就要不懂就问，不能把疑问闷在肚子里。真如所谓即以其人之道还治其人之身，孔子这下被彻底将住了，实在躲不过去了，才不得不讲了一通大话、空话，这些话后来就被司马迁写到了《五帝本纪》中。

知晓这些内容的基本来路，了解孔子讲出这些话时的窘迫情景，再看看这些记述之高远疏阔而不着边际，我想大多应是出自后人的构建。直至大禹，其身世经历，仍然具有强烈的神性——人为增附的神性。以当时人能够利用的工具和改造自然的能力，谁能治理九州大地遍地洪水呢？只有神。

面对这些情况，历史研究者的工作，应该是努力探究产生于陕北的黄帝，究竟经历怎样的环节，最终演变成了中华文明的"人文始祖"；还有形成于北边农牧交错带上黄帝文化又是怎样被尊奉为中华文明的渊源。

然而近若干年来，颇有那么一大批专家不仅非把黄帝当作真实的上古君主加以尊奉不可，还举述燹公盨"天命禹敷土，

战国时期视黄帝为高祖的陈侯因资敦铭文

燹公盨铭文

随山浚川"云云铭文，以为其言同《尚书·禹贡》开篇语句甚似，这样足以证明夏禹就是个大活人了。这些人怀揣的逻辑是：大禹既然已经被这一"铁证"证实了他的真身，那么黄帝当然也保真不假。

须知燹公盨不过西周中期前后的遗物，其铭文铸造之日，距所谓大禹生活的年代，再近已约千年，这个时候的人讲夏禹，同我们今天脱离传世基本史料而大讲宋太祖赵匡胤如何如何起家也差不了多少。然而，这能有多大程度的真实性呢？在我看来，这只能说明《禹贡》等传世文献记述的夏禹的事迹是出自一个具有长久渊源的传说。不过几乎世界上所有早期的历史传说都是这样，禹不能例外，黄帝也不能例外。如此而已，岂有他哉！

2023 年平安之夜初成草稿
2024 年 2 月 29 日晚改定